云边端融合
终端智能信息处理技术

王吉　张雄涛　包卫东　朱晓敏　著

电子工业出版社·

Publishing House of Electronics Industry

北京·BEIJING

内 容 简 介

本书深入探讨了云边端融合计算模式下的终端智能信息处理技术，针对当前终端信息处理发展的主要挑战和趋势，从数据传输和智能计算两个方面展开研究。在数据传输方面，本书着重解决终端设备与边缘设备、云中心之间的高效数据传输问题，优化云边端三层之间的数据传输效用，缓解链路拥塞、解决数据冗余等问题。在智能计算方面，本书围绕智能模型的学习训练与部署运行这两个主要过程，针对终端设备算力、续航力受限的挑战，研究云边端融合计算模式下的智能计算模型学习训练和部署运行方法，实现终端智能计算模型的高效推理与持续演进。本书的研究成果有助于推动终端智能服务的发展，具有较高的理论意义和实践价值。

本书适合人工智能、计算机科学等相关领域的工程技术人员阅读，也可作为高等院校相关专业师生的参考用书。

图书在版编目（CIP）数据

云边端融合：终端智能信息处理技术 / 王吉等著.—北京：电子工业出版社，2024.5
ISBN 978-7-121-47786-7

Ⅰ．①云… Ⅱ．①王… Ⅲ．①移动终端—智能终端—信息处理—研究 Ⅳ．①TN87

中国国家版本馆 CIP 数据核字（2024）第 090820 号

责任编辑：刘小琳
印　　刷：天津千鹤文化传播有限公司
装　　订：天津千鹤文化传播有限公司
出版发行：电子工业出版社
　　　　　北京市海淀区万寿路 173 信箱　　邮编　100036
开　　本：720×1 000　1/16　印张：14.25　字数：240 千字
版　　次：2024 年 5 月第 1 版
印　　次：2024 年 5 月第 1 次印刷
定　　价：88.00 元

前　言

　　近年来，随着信息技术的快速发展，智能手机、可穿戴设备、无人平台等终端设备广泛普及，已成为人们接入信息世界的主要入口节点。与之相随，海量原始数据正由终端设备不断产生，如何高效处理这些原始数据，挖掘其中的信息价值，服务人们的生产生活已成为当下重要的现实课题。而人工智能理论与方法的跨越式发展和进步，特别是以深度神经网络为代表的先进智能模型，给高效处理、运用上述终端数据带来了新的契机，将人工智能技术与终端信息处理相结合，实现终端数据的智能化处理已是产业界、学术界尤为关注的新热点。

　　受限于终端设备有限的算力与续航力，仅依靠终端设备本身，往往难以完成复杂的终端智能信息处理任务。针对该挑战，在传统的云计算模式下，终端设备通常将原始数据悉数传输至云中心，依托云中心的大规模算力处理海量原始数据。然而，这不可避免地带来了沉重的数据传输负担与数据隐私安全隐患。人们对响应延迟、数据安全等信息服务要求的不断提升，以及边缘计算等新技术的崛起，智能信息处理服务在需求与技术的双重驱动下，不断向边缘侧乃至终端侧下沉。有机整合云中心、边缘设备与终端设备，在云边端融合计算模式下对终端数据进行智能处理，已成为当前终端智能服务发展的新趋势。

　　本书聚焦云边端融合计算模式下的终端智能信息处理技术，从数据传输和智能计算两个方面开展研究。首先，在数据传输方面，本书关注如何实现终端设备与边缘设备、云中心之间的高效数据传输，解决大量终端设备带来的链路拥塞、数据冗余等问题，优化云边端三层之间的数据传输效用。接着，本书围绕智能模型的学习训练与部署运行这两个智能计算的主要过程，针对终端设备算力、续航力受限这一现实挑战，研究云边端融合计算模式下的智能模型部署运行和学习训练方法，实现终端智能模型的高效推理与持续演进。

　　具体而言，本书第 1 章介绍了终端智能信息处理、云边端融合计算模式，指出了云边端融合信息处理面临的挑战，以及本书关注的问题。第 2 章围绕大量终端设备如何自主选择通信链路与后端进行数据传输的问题，研究了终端设备数据传输链路自主协同选择方法，优化云边端数据传输链路利用效率。第 3 章针对各终端设备中存在冗余数据的情况，研究了多终端设备协同数据传输方法，通过优化各终端设备的数据块传输决策，提高数据传输效用。第 4 章考虑了终端设备与后端云中心之间传输链路通畅情况下的智能模型分层部署方法，实现云端协同智能推理，降低终端智能信息处理开销。针对终端设备与后端不可达的情况，第 5 章提出了智能计算模型压缩方法，大幅度降低终端智能计算模型的算力要求，实现终端侧自主智能推理。与之相应，第 6、7 两章研究了在终端设备与后端可达或不可达情况下的终端智能模型学习训练问题，分别提出云边端分层联邦学习方法和端到端完全分布式学习方法，实现云边端融合的终端智能模型持续学习训练。

本书撰写分工为：王吉负责全书章节主笔撰写；张雄涛负责协助撰写第 6、7 章内容；包卫东负责修改完善第 1 章内容，并指导梳理全书逻辑框架；朱晓敏负责修改完善第 2、3 章内容。

本书是对作者近 5 年来研究成果的总结，工作的完成离不开团队的支持，在此特别感谢伊利诺伊大学 Philip S. Yu 教授、佐治亚理工学院 Ling Liu 教授的指导。不同于大部分边缘智能方面的书籍以概念介绍、工程应用为主，本书以基础理论、前沿方法为主，侧重关键技术论述，在终端智能信息服务这一问题上提出刍荛之见，以期为后续研究与实践应用开拓思路。

本书关注的问题是一个正在快速发展的新兴领域，由于作者水平有限、编著时间仓促，本书错误或不足之处在所难免，恳请读者朋友批评指正、交流碰撞，有关问题或建议欢迎致信 wangji@nudt.edu.cn。

王　吉
2024 年 1 月

目　录

第 1 章

绪 论

在移动通信、大数据、人工智能等新理论新方法的驱动下，信息处理技术快速发展，呈现诸多新特征。一方面，随着物联网与 5G 时代的到来，智能手机、可穿戴设备、无人平台等终端设备正产生海量数据与处理需求，信息处理正逐步从云计算中心向终端设备迁移。另一方面，以深度学习为代表的先进人工智能方法快速发展，应用领域不断扩展，人工智能正在对经济发展、社会进步、国防建设等方面产生重大而深远的影响[1]。在多重因素的共同作用下，终端智能信息处理模式应运而生。本章将从终端智能信息处理的概念内涵出发，提出云边端融合的终端智能信息处理框架，分析该框架下终端智能信息处理所涉及的瓶颈问题，论述本书研究内容的重要意义。

1.1 终端智能信息处理

1.1.1 终端智能信息处理的内涵

终端设备通常是指位于网络末端的设备节点[2]，承担着连接物理世界与信息世界的重要作用，物理世界中的信息由终端设备采集和处理进入信息世界。近年来，随着电子技术与通信技术的迅猛发展，以智能手机、无人平台、物联网设备为典型代表的终端设备得到广泛部署应用。根据爱立信公司预测，到 2027 年，终端设备所产生的网络数据将占全球网络数据总和的 51%[3]，智能手机、物联网设备等终端设备将成为信息世界的主要入口节点，海量原始数据正由终端设备不断产生，处理这些原始数据的需求也在同时快速增长。

同时，随着人工智能理论与方法的跨越式发展和进步，先进智能模型与算法突破了传统机器学习方法的众多性能极限。为提高终端信息处理的质量，采用深度学习等先进的模型与算法进行终端智能信息处理，已成为终端设备信息处理的重要需求之一[4]。面向终端智能信息处理的新需求，本书将围绕智能计算的两个主要过程，即智能模型的学习训练与部署运行[5]，开展研究和论述。在学习训练阶段，终端智能信息处理的主要任务是使用终端设备产生的大量训练数据，通过一定的训练算法对深度神经网络等智能模型的结构、参数等进行学习训练；在部署运行阶段，终端智能信息处理的主要任务是将训练后的智能模型部署于平台上，将终端设备产生的数据输入模型，通过计算、运行该模型来向用户反馈结果。

1.1.2　终端智能信息处理的现实需求

在现有的计算模式下，信息处理任务通常由云计算中心等大规模计算平台完成，以提高信息处理的质量。伴随技术的成熟与发展，智能化终端设备正加速渗透人们工作生活的方方面面。国务院发布的《新一代人工智能发展规划》明确指出，要加快发展智能终端核心技术，统筹建立终端与云端协同的人工智能云服务平台[6]。向终端设备提供智能服务，在最靠近应用场景与用户的地方进行智能信息处理的需求正不断凸显。

（1）智能化处理需求。随着终端设备应用场景与模式的不断扩展，智能交通、智能家居乃至智能作战已逐步成为现实，人们对终端设备的需求已不再停留于简单的信息采集与存储，诸如智能手机、智能家电、无人平台等新产品的出现，要求终端设备在采集、存储数据的同时，自身具备智能信息处理、向用户提供智能服务的能力。

（2）快速实时性需求。以智能交通为例，日益增多的汽车厂商在使用人工智能实现无人驾驶或辅助安全驾驶。如果将实时采集的数据发送到云端进行信息处理，所产生的延迟会使车载控制系统无法及时对突发事件做出反应，造成事故。为增加智能服务的实时性，必须在车载端进行智能信息处理，提高智能交通系统的安全性。

（3）稳定可靠性需求。以智能作战为例，分队/单兵信息终端、无人作战平台等武器装备系统正广泛采用人工智能提高战斗力水平。然而，战场复杂电磁环境使武器装备系统的通信条件极其恶劣，会频繁面临断网失联等情况，依托云端提供信息处理服务无法保证其可靠性，必须在武器装备系统本地进行信息处理，以保证作战过程中信息服务稳定可靠。

（4）隐私安全性需求。以智能家居为例，家用电器、家居用品正逐步采用智能化理念，通过采集分析用户生活习惯和居家环境等数据，来增强家用品的服务体验，使家居生活更舒适、便捷。然而，生活习惯和居家环境包含高度私密的个人信息，若上传云端处理，可能导致个人隐私泄露，甚至为不法分子所利用。因此，需要在家庭本地对数据进行处理，以满足用户隐私安全性需求。

1.1.3　终端智能信息处理的挑战

区别于云计算中心等传统的、大规模的信息处理平台，终端设备具有鲜明的自身特点。首先，从设备性能来看，终端设备受尺寸、重量、价格等因素影响，无法配载高性能计算设备、通信设备和大容量储能设备，难以支持高算力、高能耗要求的信息处理任务。其次，从使用环境来看，终端设备通常需要在开放环境下广泛部署，依赖无线网络进行通信，信道状态不稳定且任何人都可能接触到终端设备或介入设备通信中。最后，从应用场景来看，终端设备性能高度异构，且由于广泛部署，因此信息处理需求的差异也较大。虽然将智能信息处理任务从云计算中心推向终端设备有着紧迫的现实需求，但是终端设备的上述特点给终端智能信息处理带来了极大的挑战。

（1）通信条件复杂恶劣。终端设备所处的无线网络环境可能出现通信延迟和带宽受限等问题，导致某些情况下终端设备之间、终端设备与远端中心之间通信困难。特别是在战场或灾害环境下，通信设施缺失，终端设备面临的通信条件更为复杂恶劣。

（2）计算性能要求过高。随着对智能信息处理要求的不断提高，所采用的信息智能处理算法日趋复杂，以深度神经网络模型为代表的先进模型通常极其复杂庞大，包含上百万个甚至上千万个参数，学习训练和部署运行模型都需要大量运算，对计算性能要求过高，远超终端设备的算力与能耗限制，会造成难以接受的处理延时与计算能耗。

（3）终端设备规模庞大。在物联网、无人集群等应用场景下，终端设备规模庞大，且往往是集中部署。一方面，庞大的设备规模增加了终端信息处理时个体之间协同的难度，对协同方法的设计提出了严峻的挑战；另一方面，大量终端设备集中部署可能同时产生同类资源需求，大大增加了资源调配的压力，如大量终端设备同时向后方中心回传数据，导致数据传输出现拥塞。

（4）信息处理需求多样。由于终端设备的性能高度异构，所面对的应用场景复杂多样，导致各类终端设备的信息处理能力和所需完成的信息处理任务存在差异。这一方面使得多终端协同信息处理的难度增加；另一方面考虑现阶段智能处理算法远未达到通用智能的程度，使针对具体业务场景提供差异化、个性化的信息服务更具挑战。

（5）隐私安全存在隐患。由于终端设备在开放环境下广泛部署的特点，必须将数据的安全隐私性纳入考虑。在信息处理及智能模型训练过程中，所涉及的数据可能高度敏感或法律禁止公开，传统的信息处理和模型训练方法会导致数据直接暴露或极易被恶意用户获取，危害数据隐私安全。

上述 5 个方面的挑战加剧了终端智能信息处理的难度。相对广泛运用于云计算中心的传统信息处理方法，终端信息处理所面临的情况更为复杂，对信息处理的安全与效率的要求更为苛刻，传统的信息处理技术无法很好地解决上述挑战。因此，迫切需要开展适用于终端设备的智能信息处理技术研究，以提升终端侧信息处理的质量与效益，实现对终端设备的 AI 赋能。

1.2 云边端融合计算模式

智能信息处理的基础在于计算，而终端设备固有的载重、能耗、价格等限制导致其无法完成高性能的计算任务，成为在终端设备上进行智能信息处理的瓶颈问题。智能模型学习训练通常要依托高性能计算集群，远远超出单台终端设备的算力条件。仅考虑智能模型的部署运行，一个复杂的智能模型需要进行大量浮点运算，这对终端设备的算力与续航力提出了严苛的要求。通过一种高效的信息处理框架，拓展终端设备的算力，为终端设备提供高效的计算服务，是实现终端智能信息处理的基础性问题。

1.2.1　云边端融合计算模式的发展

纵观计算模式的发展，呈现出集中式和分布式轮回变化的态势[7]。云计算自 2006 年首次被提出以来，成为信息技术产业发展的战略重点。通过将大规模计算资源集中起来，按需、灵活地提供计算服务，云计算在各行各业得到大规模应用。近年来，随着终端设备的普及，催生了终端信息处理的需求。受限于终端设备有限的性能，学术界与工业界尝试将终端设备与云计算中心相结合，根据终端设备性能、应用场景和用户要求等条件，在线、动态地在云中心和终端之间分配计算和数据，实现云中心和终端上各类计算资源、数据资源、应用资源乃至用户资源的按需配给。将云计算的中心模式拓展为云与终端相融合的模式日益得到广泛关注[8]。

然而，云计算中心通常远离终端设备，云与终端的直接融合不可避免地面临着高延时、低效率等问题。随着通信技术的跨代发展，一种在网络边缘执行计算的新型计算范式——边缘计算，应运而生。相较云计算技术，边缘计算以近终端、低延时、更高效的优势，构建了离数据源更近的计算基础设施[9]。边缘计算最早可以追溯到内容分发网络中功能缓存的概念[10]。2009 年，卡内基梅隆大学提出微云（Cloudlet）的概念[11]，在网络边缘部署可信的服务器，将云服务器的功能下沉到边缘，具备了边缘计算的部分雏形。随后，在万物互联的背景下，边缘计算得到快速发展，并逐渐在核心概念上达成共识：边缘是指从数据源到云计算中心路径之间的任意计算和网络资源，计算对象包括来自云服务的下行数据和来自万物互联服务的上行数据[12]。至此，云边端三层计算模式基本成型。

云边端融合计算模式为拓展终端设备算力、优化终端设备计算服务能力提供了一种可行框架。终端设备在进行职能信息处理的过程中，需要执行类别、要求不同的各类智能计算任务，根据不同任务类型与应用场景条件，可以选择不同的云边端协同计算服务模式。例如，复杂智能模型的学习训练任务，计算量极其庞大，需要依托高性能计算集群长时间进行运算，可以将它们配置在云计算中心执行。再如，智能模型的精调任务，算力要求大大降低，可配置在边缘设备或协同多台终端设备执行，减少数据在云计算中心与其他设备之间的传输。因此，系统可基于云边端融合计算服务框架，针对智能信息处理任务的特征、设备资源状况与网络环境状况，在终端设备、边缘设备、云计算中心或协同多设备灵活配置、优化计算服务，为终端智能服务提供稳定、高效的基础计算服务支撑。

1.2.2 云边端融合的终端智能信息处理框架

我们认为，围绕终端智能信息处理的现实需求，采用云边端融合计算模式为终端设备提供基本计算服务是一种可行的解决方案。我们提出一种云边端融合的终端智能信息处理框架，如图1.1所示。

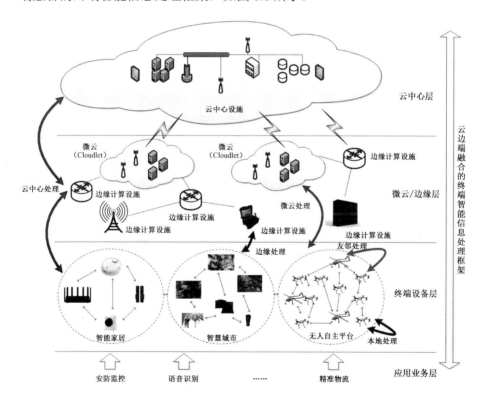

图1.1 云边端融合的终端智能信息处理框架

　　该框架主要包括应用业务层、终端设备层、微云/边缘层、云中心层 4 个主要部分。其中，云中心层主要包含各大型云中心，它们通常具有最强的计算、存储能力，计算与存储的单位成本低廉，但通常与信息处理业务发生地距离较远，对带宽有着较高的要求。微云/边缘层的边缘计算设施在距业务发生较近的位置，可为各终端系统提供计算、存储服务。微云/边缘层计算设施能够有效缓解向云中心层请求服务带来的带宽压力，降低数据传输成本，并提高响应速率，但它们的资源与云中心层设施资源相比通常是有限的。应用业务层和终端设备层直接面向用户。终端设备层根据应用业务的不同调用不同的智能信息处理服务，在考虑应用业务特征的基础上，可进一步综合使用微云/边缘层、云中心层设施资源为各智能信息处理提供有效的计算保障。

　　在智能计算的学习训练阶段，通常依赖云中心层强大的计算、存储能力进行大型智能模型的训练，而后将训练好的智能模型下发至边缘节点和终端设备。在微云/边缘层和终端设备层，可利用距离信息处理业务发生地较近的优势，利用信息处理过程中实时产生的数据进行智能模型的精调训练，使云中心层训练得到的智能模型更适合终端智能信息处理业务需求，这些精调训练任务可在微云/边缘层完成，也可利用联邦学习[13]等新兴方法，由终端设备层、微云/边缘层协同完成。在智能计算的部署运行阶段，智能模型通常被部署到距离信息处理业务发生地最近的终端设备上，直接面向用户提供服务。然而，先进智能模型日趋复杂，运行阶段对计算性能的要求提高，超出了终端设备的算力与能耗限制。此时，终端设备可根据业务需求，将部分智能计算任务包括模型、数据等卸载至云中心或边缘设备中，终端设备仅进行简单计算，甚至仅用于反馈计算结果，以大幅度降低终端设备本地的算力开销，此种计算任务卸载是云端协同智能信息处理的主要形式之一。

　　上述智能信息处理业务在云边端三层的协同依赖于三层间的数据传输。终端设备可根据信息处理任务的算力要求、时效要求，由本地单独处理或卸载至友邻终端设备、边缘设备或云中心协同处理。当计算任务算力要求较低时，计算任务可由终端设备本地处理，以最小化延时。当计算任务算力要求较高时，如智能模型训练、复杂模型运行，可根据通信条件，选择近距离传输至友邻终端设备处理或卸载至微云/边缘层处理。当计算任务算力要求很高且

与云中心链路通畅时，甚至可将计算任务直接传输至云中心处理，以降低本
地负担。

1.2.3　云边端融合计算模式面临的挑战

我们认为，围绕终端智能信息处理的现实需求，采用云边端融合计算模
式为终端设备提供基本计算服务是一种可行的解决方案。同时，由于终端设
备区别于其他设备平台的鲜明特征，使得实现高效终端智能信息处理颇具挑
战，从数据传输优化到数据隐私安全，再到模型高效部署与模型持续优化，
整个周期上均面临若干瓶颈性挑战，直接影响终端智能信息处理的实际应用
效果。

1. 数据传输优化问题

在大量终端设备、边缘设备和云计算中心之上建立一个整体融合的信息
处理框架的基础在于终端-边缘-云三层之间能实现高效的数据传输。终端设
备上有大量数据和计算任务需要上传至边缘设备或云中心进行处理；云中心
和边缘设备同样有大量数据和计算模型需要下发至各终端设备。考虑终端设
备规模的庞大性及无线通信网络的复杂性，实现终端-边缘-云三层之间高效
的数据传输是一个颇具挑战性的问题。首先，中心节点对大规模终端设备集
中优化的方式需要频繁交互和大规模计算，无法满足抢险救灾、战场等环境
下抗单点失效的要求，需要采用分布式协同方法优化终端数据传输。其次，
在无线网络环境下终端设备往往难以及时共享各自的状态信息和传输需求，
这大大增加了分布式协同优化的难度。最后，无线网络环境的不确定性导致
优化条件高度动态且难以预测，无法通过离线优化方法精确求解，需要动态、
实时的优化方法。

2. 数据隐私安全问题

在学习训练阶段，以深度学习为例，一个性能卓越的智能模型通常需要
使用大量数据来训练，其中可能包含涉及用户隐私的敏感数据，甚至可能包

含法律禁止公开的数据。已有大量研究表明，在获得智能模型后，可通过生成对抗网络等方法从模型中反推得到训练数据的信息。然而，终端智能信息处理的特点决定了智能模型会随终端设备在公开环境下广泛部署，包括恶意用户在内，所有用户均可接触智能模型，这使训练数据的隐私安全难以保证。在部署运行阶段，终端设备在卸载过程中会将相关计算数据从终端设备传输至云中心或边缘设备中，这在复杂的通信环境下，会给终端设备数据和系统安全带来严重的隐患。传统的数据加密方法虽然可以保护数据安全，但是会引入大量额外的计算开销，增加计算任务所需时间，占用终端设备更多的算力，难以保持计算任务卸载降低计算负担的初衷。

3. 模型高效部署问题

在智能模型的部署运行阶段，模型推理计算对终端设备的算力和续航力提出了严苛的要求，这在算力能耗受限、价格敏感的终端设备上往往难以被满足。正如上文所说，计算任务卸载是云边端融合计算模式下实现高效部署智能模型的途径之一。需研究模型分割方法，实现将复杂推断等大负载计算任务均卸载至云中心执行的目标。然而，计算任务卸载的方式依赖终端设备与云中心或边缘设备之间网络的通畅，在终端设备所处的无线网络环境中，并不能随时确保传输链路连通，也不能保证终端用户具有卸载计算任务和数据的意愿，当无法向云中心或边缘设备传输数据时，终端设备仅能依靠自身算力完成计算任务。针对此挑战，需研究智能模型压缩方法，在可接受的性能折损范围内，显著压缩智能模型大小，降低模型存储要求和计算要求，满足在终端设备上独立部署运行的性能要求。

4. 模型持续优化问题

终端设备广泛部署的特点决定它所面对的场景和用户复杂多样，导致终端智能信息处理需求也存在一定差异。但是，当前人工智能技术的发展水平远未实现普适、通用智能，在部署云侧集中训练得到的模型后，往往难以满足具体应用场景下用户的个性化需求，这将严重影响终端智能信息处理的用户体验，制约终端智能信息处理的广泛应用。在云边端融合计算模式下，可以在更靠近用户和应用的终端侧、边缘侧，利用终端设备系统运行过程中产生的新的、面向应用的数据，对智能模型进行持续、个性化改进升级，提升模型在特定应用场景下的性能。综合减轻上行链路负担和保护用户隐私等考虑，上述过程通常应在边缘侧和终端侧进行，在边缘环境下，数据分布不均衡、终端设备算力受限、无线网络状态不稳定，如何解决这些问题，实现有效的面向应用的持续学习训练是提升终端智能信息处理质量的关键。

1.3 本书关注的问题

本书紧紧围绕云边端融合计算模式下终端智能信息处理展开研究，从云、边、端三层之间的数据传输，以及智能计算的学习训练和部署运行两个过程入手，根据云边端融合计算模式面临的挑战，总结出其中的具体问题，进而针对这些问题，研究提出提升终端智能信息处理能力的方法。

1.3.1 具体问题分析

在云边端融合计算过程中，终端设备一方面需要云中心、边缘设备进行数据传输，以满足上传数据、下载智能模型与计算结果、智能计算任务卸载等通信需求；另一方面需要利用邻近终端设备间数据链路稳定、延时小的特点，在各终端设备间共享备份数据、卸载计算任务等。根据云边端融合计算模式下的这两个需求，我们认为终端智能信息处理在数据传输过程中存在以下两个具体问题。

（1）链路选择问题。云边端融合计算模式下，终端设备与云中心、边缘设备之间存在大量数据传输。但是，在一些应用场景中，如人员密集场所、无人平台集群等，在一片区域内存在大量终端设备，而无线网络环境的各数据链路状态不同且带宽有限，若大量终端设备选择同一个数据链路进行数据传输，则必然会导致拥塞等现象，降低数据传输质量。因此，大量终端设备如何在上行、下行等多个数据链路中自主选择合适的链路，以优化整体的云边端协同效率，成了一个关键问题。

（2）传输决策问题。各终端设备在智能信息处理过程中需将数据传输至云中心实现计算任务卸载。由于不同终端设备在邻近区域可能采集到相同数据及终端设备间数据共享等，因此各终端设备可能存储了相同的数据，上传这些相同的数据往往不能带来额外的效益，反而会浪费终端设备有限的能量、占用网络有限的链路资源。因此，各终端设备如何根据分配到的链路状态，进行是否传输及传输哪些数据的决策是优化云边端间数据传输的一个关键问题。

采用深度学习等高性能智能模型进行信息处理可显著提升终端智能信息处理效果。然而，这些智能模型对终端设备的计算能力提出了严苛的挑战。在智能模型部署运行过程中，终端设备需要采用多种方式降低终端本地计算开销。同时，由于网络通信环境变化及上述两个问题中的传输优化等，因此终端设备与云中心、边缘设备之间的数据传输状态会不断发生变化。针对数据传输状态的不同，在部署运行过程中，终端智能信息处理分别存在以下两个具体问题。

（1）运行任务卸载问题。当终端设备与云中心、边缘设备之间的数据链路通畅时，终端设备可采用计算任务卸载的方法将部分计算任务卸载至边缘设备或云中心执行。如何实现深度神经网络模型在终端设备与云中心或边缘设备间的协同部署运行，并同时保证数据在卸载过程中的安全隐私性，成了一个关键问题。

（2）本地高效运行问题。当终端设备与云中心、边缘设备之间的数据链路断开时，终端设备仅能依靠自身的算力执行计算任务。基于深度神经网络等先进方法的智能模型庞大、复杂，终端设备难以依靠自身的算力进行计算，因此，如何实现数据链路断开时终端本地高效部署运行，成为另一个关键问题。

在智能模型学习训练过程，智能模型通常依托云中心进行训练而后下发至终端设备。但训练完成的、单一不变的智能模型往往难以满足各类终端设备的不同信息处理需求，终端设备需要利用运行过程中实时产生的面向信息处理具体业务的数据持续训练、优化智能模型。根据终端设备可否与云中心、边缘设备进行数据传输，在学习训练过程中，终端智能信息处理分别存在以下两个具体问题。

（1）高效联邦学习问题。近年来，新兴的联邦学习技术为云中心可达情况下边缘设备智能模型持续训练提供了可行方案。然而，在传统的联邦学习方法下，终端设备与云中心之间通信开销大且在出现丢包时难以收敛，这难以满足终端设备所处的带宽受限、动态变化的无线网络环境。通过云边端融合计算模式提升联邦学习效率成为一个关键问题。

（2）终端间联合学习问题。当终端设备与云中心、边缘设备之间不可达时，联邦学习技术无法实现利用终端设备进行智能模型学习训练。需研究一种在终端设备层利用邻近的终端设备相互协作完成智能模型学习训练的方法。但在终端设备层，网络的动态变化性更高、设备的算力约束更严苛，针对这些挑战，研究提出终端间完全分布式的联合学习方法成为另一个关键问题。

1.3.2　研究内容与创新点

本书围绕上述 6 个具体问题分别开展针对性研究，以期提高终端智能信息处理能力。本书研究内容框架如图 1.2 所示。

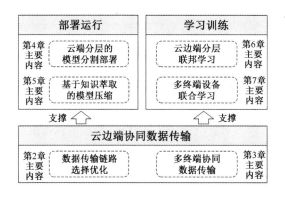

图 1.2　本书研究内容框架

首先，在云边端协同数据传输方面，研究内容包括：①终端设备数据传输链路自主协同选择方法，优化终端设备链路选择，避免出现链路拥塞，优化数据传输链路利用率；②多终端设备协同数据传输方法，实现各终端设备自主决策是否进行数据传输、传输哪些数据，提高数据传输效用。

接着，围绕智能计算的两个主要过程，考虑终端设备与云中心、边缘设备通联与否，在智能模型的部署运行过程，研究内容包括：①云端分层的智能模型分割部署方法，基于云边端融合计算模式，将智能模型分层部署于终端设备与云中心或边缘设备中，实现终端上复杂计算任务的卸载，降低终端本地算力开销；②基于知识萃取的智能模型压缩方法，将复杂的智能模型在可接受的性能折损内压缩为精简的小模型，使终端设备仅依靠自身算力便能运行该模型。

最后，在智能模型的学习训练过程中，同样考虑终端设备与后端通联与否，研究内容包括：①云边端分层的联邦学习方法，利用终端实时产生的新数据，在后端可达的情况下，实现智能模型的持续学习训练；②多终端设备联合学习方法，利用邻近终端设备的算力和数据联合学习，实现无后端支撑条件下的智能模型学习训练。

在对上述 6 项研究内容开展研究的过程中，本书做出了以下 6 点创新。

1. 轻量级、分布式的终端设备数据传输链路自主协同选择方法（第 2 章介绍）

针对终端设备数据传输链路选择问题，本书将该问题建模为一个链路选择博弈，通过严格的分析证明该博弈是一个广义序贯势博弈。在此基础上，设计了一种基于虚拟博弈的分布式链路选择算法，实现各终端设备可独立进行链路选择决策，生成链路选择博弈的纳什均衡解。与传统的虚拟博弈算法不同，本书所设计的算法为了适应终端设备的网络环境特征、解决终端设备算力有限等问题，重点实现了避免使用其他终端设备实时信息、降低算法计算复杂度、降低算法存储需求等方面的要求。同时，针对无线网络通信环境的特征，将信息不完全等情况也考虑在内，保证在该情况下算法的收敛性。实验表明，该方法可有效优化大量终端设备进行数据传输时的链路选择，避免链路阻塞，提高传输效用。

2. 分布式终端设备数据上传的多元决策方法（第 3 章介绍）

针对在各终端设备间存在冗余数据的情况下，如何协同上传数据的问题，本书综合考虑数据链路状态、数据重要性及信息饱和等因素，将该问题建模为能耗约束的信息效用最大化问题。为了解决该问题，提出了一种面向长期性能最优的分布式优化方法，实现了各终端设备不依赖未来信息、独立进行长期优化的目标，通过严格的理论分析证明该方法可无限接近最优解。区别于现有随机网络优化方法仅能实现二元决策，所提出的上传决策优化方法解决了是否传输数据、传输哪些数据的多元决策问题，灵活性、自适应性更强。实验表明，通过采用本书所提出的分布式上传决策方法，各终端设备可独立地根据自有的可观测信息进行上传决策，性能表现显著优于现有随机网络优化方法。

3. 基于深度神经网络分割的模型分层部署方法（第 4 章介绍）

为实现在数据链路通畅的情况下，终端设备与云中心协同完成基于深度学习的信息处理任务，本书提出了一种基于深度神经网络分割的模型分层部署方法。在终端设备上仅部署一个预置的浅层神经网络，复杂、大型的上层神经网络均部署于云中心内，从而将包括模型训练、复杂推断在内的高算力要求的计算任务卸载至云中心执行，终端设备仅承担简单的数据转换计算任务。为了消除向云中心传输数据时带来的数据安全与隐私隐患，同时避免使用复杂加密算法引入额外计算开销，本书设计了一种新的满足差分隐私准则的扰动方法，该方法相比现有扰动方法更灵活、更适应神经网络的层级结构。为了降低数据保护扰动对云中心后续推断产生的不利影响，本书提出了一种新的噪声训练方法来训练云中心网络，以增强云中心网络对噪声的健壮性。噪声训练方法在训练集中加入精心设计的噪声样本，在纯净样本、噪声样本、被扰动的噪声样本上联合最小化相应的损失函数，大大增强了云中心网络对含扰动数据的推断能力，在数据安全和隐私可保证的前提下，提高了智能信息处理性能。

4. 基于知识萃取的智能模型安全压缩方法（第 5 章介绍）

针对终端设备与外界连接中断的情况，本书设计了一种基于知识萃取的深度学习模型安全压缩方法，压缩得到一个可直接部署于终端设备的精简、高效的深度学习智能模型，使终端设备可依靠自身算力进行深度学习信息处理。该方法遵循教师-学生训练模式，将嵌入复杂、庞大的教师模型中的知识分阶段地萃取并转移到学生模型中，以此优化学生模型的性能。同时，为了保护云中心中训练数据的安全与隐私，本书设计了一种新的满足差分隐私准则的扰动机制，与现有的逐样本扰动方法不同，本书所设计的方法以批为单位，对教师模型进行询问，对从教师模型反馈的批损失（Batch Loss）进行扰动、添加随机噪声，达到保护训练数据安全与隐私的目的。此外，为了进一步增强数据安全与隐私保护性能，本书尝试控制学生模型对教师模型的访问，减少在知识萃取过程中使用到的样本数量，创新性地提出了一种查询样本选取方法，从完整公共数据集中选取一部分子集咨询教师模型，达到使用子集的查询效果与使用完整公共数据集的效果相仿的目标。

5. 自适应压缩的分层联邦学习方法（第 6 章介绍）

联邦学习为后端可达情况下的终端智能模型持续提升提供了一个可行的解决方案。然而，在终端设备所处的环境下，不可靠网络条件、动态变化的带宽等因素使联邦学习应用过程中存在巨大的通信瓶颈。针对该问题，本书在云边端融合计算模式的基础上，提出了一种自适应压缩的分层联邦学习方法。与传统联邦学习方法相比，本书将终端-中心的两层学习架构改进为云边端多级模型缓存的联合学习架构，通过减少传输距离和将整个模型划分为多个块来减轻通信延迟和信息丢失对联邦学习性能的影响，能够更好地适应网络不可靠和动态带宽，具有良好的健壮性。此外，该方法可根据模型大小和特点，按照通信链路状况，自适应地进行梯度压缩，从而在确保联邦学习性能不显著降低的情况下，大大降低终端设备的通信需求，实现高效的智能模型学习训练。在考虑终端设备网络不可靠的前提下，通过严格的理论分析表明，所提出的方法可以在任意数据分布上实现学习训练的收敛。

6. 基于 gossip 协议的多终端完全分布式联合学习方法（第 7 章介绍）

针对云中心、边缘设备等后端不可达情况下的智能模型学习训练问题，本书基于 gossip 分布式通信协议，提出了一种多终端完全分布式联合学习框架。该框架通过可靠终端设备之间交换模型参数来实现在不可靠的网络上训练终端智能模型的目标，同时降低恶意参与者加入学习训练过程的概率。同时，考虑终端设备的资源限制和无线网络环境的不可靠性，本书提出了一种与完全分布式联合学习框架相适应的动态控制算法，通过自适应调整 gossip 协议中的可靠性阈值来控制终端设备的资源使用和邻近终端设备的选择，以最大限度地利用可用资源。实验表明，本书提出的方法可在后端不可达的情况下有效实现终端智能模型的学习训练。

1.4 本书研究的科学意义与实践价值

终端智能信息处理关键技术攻关是人工智能领域中非常重要且极具现实意义的研究课题之一。当前，人工智能基础理论与方法发展迅速，但仍亟须破解相关理论与方法转化运用的难点和堵点问题。本书紧贴终端智能信息处理的现实需求，聚焦终端智能信息处理技术落地应用的瓶颈问题，以智能模型学习训练和部署运行为抓手，重点解决云边端融合计算模式下的协同数据传输优化、智能模型部署运行和模型持续训练三方面科学问题，具有重要的科学意义和广阔的应用前景。

（1）对促进分布式计算与人工智能方法发展具有重要的科学意义。近年来，以深度学习为代表的人工智能理论与方法取得了许多卓有成效的研究成果，提出了一系列基于深度神经网络模型的算法，但仍面临模型复杂庞大、算力要求极高、训练数据量大、缺乏普适通用性等诸多挑战，亟须在计算服务支撑、深度学习方法等方面获得理论突破。本书针对前文所述 6 个具体问题开展探索性研究，理论方法涉及分布式资源优化、知识萃取、隐私安全理论、分布式学习等，交叉融合了多领域知识，可为各科学问题研究提供新思路、新方法，具有非常重要的基础研究价值，可推动多学科问题研究发展。

（2）在智能化升级方面具有广阔的应用前景。推动人工智能与各行业融合应用，全面提升经济社会发展和国防应用智能化水平是我国发展新一代人工智能的重要任务。终端设备作为人类社会与技术系统的末梢连接点，是智能化升级的基本点。本书紧贴终端设备智能信息处理的迫切需求，围绕终端智能信息处理的现实挑战开展研究，有望打通以深度学习为代表的先进人工智能方法在终端设备上高效应用的"最后一公里"，为突破实现"万物智能"的瓶颈性问题提供技术支撑，可广泛应用于智能交通、智能制造、智能家居、智能医护等经济社会发展的方方面面。在国防领域，相关方法和技术可应用于武器平台嵌入系统、单兵/分队信息终端、无人系统等，实现武器装备智能化升级改造，直接服务一线作战部队战斗力生成。

第
2
章

终端设备数据传输
链路自主协同选择

云边端融合计算模式下，终端设备在智能信息处理过程中需要与后台云中心频繁进行数据交互。然而，在体育场馆、地铁站等人员密集场所，当大量终端设备同时进行数据传输时，无线通信之间的相互干扰与链路阻塞会大幅度降低无线数据传输的质量。如何提高各终端设备的数据传输质量是一个重要且未被充分研究的问题。根据终端设备数据传输特征与无线网络特征，本章提出了一种终端设备数据传输链路自主协同选择框架，优化各终端设备进行数据传输时的链路选择，提高终端设备与后台云中心的数据传输效用。

具体来说，我们将多终端设备数据传输链路选择问题建模为一个链路选择博弈，并通过严格的分析证明该博弈是一个广义序贯势博弈。继而，设计了一种分布式链路选择算法，实现各终端设备可独立进行决策，生成链路选择博弈的纳什均衡解。为了适应终端设备的网络环境特征、解决终端设备算力有限等问题，该算法在进行链路选择决策时无须获知其他终端设备的当前决策，算法求解复杂度低。同时，针对军事行动、抢险救灾等特殊场景的通信特征，信息不完全等情况也被考虑在内。通过本章的研究，可有效优化密集环境下大量终端设备进行数据传输时的链路选择，避免链路阻塞，提高传输效用。

2.1 引言

2.1.1 问题分析

在人员密集场所中，当大量终端设备尝试同时进行数据传输时，严重的信道干扰与链路阻塞可能导致数据传输速率极低，甚至导致部分终端设备连接中断。因此，大量终端设备传输数据时的链路选择问题成为制约云边端融合计算性能的一个关键问题。

从无线网络来看，终端设备通常有多条传输通道，而在一个通道内又有多个链路可供选择。例如，在常见的 4G 网络 FDD-LTE 中，存在分频的上行链路与下行链路，上行链路与下行链路可在不同的频段上同时传输数据，互不干扰[14]。从传输需求来看，不同时段不同终端设备的传输需求可能不同。以一位商人在会展中心参观为例，在部分时段，他可能需要通过手机从网上下载文件，此时对下行链路的需求高；而在另一些时段，他可能需要将手机拍摄的商品照片发送给其他同事，此时对上行链路的需求高。再如，无人机集群执行电子侦察任务，一架无人机需要向后方中心上传采集到的电磁信号，此时对上行链路的需求高；而在另一部分时段，无人机需要下载最新的电磁特征库，以便跟踪识别目标，此时对下行链路的需求高。综合上述两点，通过在多个链路上协调各终端设备的链路选择，可有效提升大量终端设备大规模数据传输的质量。基于此，本章将针对多终端设备数据传输，设计一种轻量级的链路选择优化框架，从而避免终端设备间出现链路阻塞问题，提高终端设备与后台云中心之间的数据传输效用。

终端设备链路选择优化问题可归类为无线通信资源分配问题。为了更好地描述各终端设备对链路的占用，我们将该问题形式化为链路资源博弈问题，并求解该问题的纳什均衡解，使各终端设备均没有再改变自身链路选择的动机。博弈论是解决无线通信资源分配问题的有效工具，在现有的工作中得到了大量的使用[15-17]。然而，终端设备数据传输链路选择问题仍然是一个未被充分研究的问题。解决该问题，存在以下诸多挑战。

（1）针对大量的终端设备采用一种中心调度方式来进行链路选择会给中心节点带来不可承受的计算负担。此外，在军事行动、抢险救灾等场景下，中心调度方式会带来单点失效的隐患，这在实际情况中是不可接受的，必须设计一种分布式的优化方法。

（2）受限于终端设备的算力与续航力，优化方法应该具备运算复杂度低、存储空间要求低的特点，以适应在终端设备上部署的性能要求。

（3）由于无线网络的动态性和终端设备的运动性，因此单台终端设备在进行链路选择决策时难以及时获知其他终端设备的决策。特别是，在军事行动、抢险救灾等恶劣通信环境下，相关信息的反馈与传递可能丢失、不完整。

（4）现有工作在进行链路分配时，大多只考虑一次占用一个链路，这显然是不符合实际的。例如，当视频通话时，同时需要上行、下行两个链路。相比单链路分配，多链路分配问题更具挑战性。

本章聚焦终端设备链路选择问题，针对上述挑战，以单台终端设备上行、下行、双工链路选择为例①，设计一种满足各终端设备不同数据传输需求的链路选择优化方法，以提高终端设备与后台的数据传输效用。我们将该问题形式化为一个链路选择博弈，局中人，也就是终端设备，尝试最大化自身的数据传输效用。为求得该问题的纳什均衡解，我们基于虚拟博弈算法[18]设计了一种分布式链路选择算法。该算法被证明以无限接近于 1 的概率收敛于纳什均衡解。本章主要贡献如下：

（1）给出了终端设备数据传输的模型。以此模型为基础，将多终端设备数据传输链路选择形式化为链路选择博弈，通过严格的分析，证明该博弈是广义序贯势博弈。根据文献[19]给出的关于广义序贯势博弈的性质，该链路选择博弈一定有纳什均衡解。

（2）设计了一种分布式迭代算法，以生成该链路选择博弈的纳什均衡解。该算法计算复杂度、存储空间要求低，且个体决策不依赖于其他终端设备的当前决策。同时，该算法将与决策相关的信息无法完整收集的可能性也考虑在内。

（3）进行了一系列仿真实验，验证本章所提出的优化方法带来的性能提升。同时，开发了一个原型系统，用以演示该方法的使用模式。

本章余下部分组织如下：2.2 节给出问题模型；2.3 节将该问题形式化为链路选择博弈，并证明该博弈是广义序贯势博弈；2.4 节设计了一种分布式链路选择算法，并给出了该算法的收敛性证明；2.5 节进行了一系列仿真实验，以充分验证所提方法，并在原型系统中演示该方法的使用模式；2.6 节总结了本章内容。

2.1.2　相关工作

随着无线设备使用的普及，无线信道资源分配与调度成了广泛关注的重要问题。Xiang 等人[20]提出了一种信道选择和数据传输调度算法，该算法综合优化了传输的吞吐率和传输的能耗。Fang 等人[21]根据李雅普诺夫理论设计了

---

① 本章所提方法可以非常简单、直接地扩展和适用到多链路选择问题。

一种在线控制算法以实现吞吐率与能耗之间的均衡。然而，这两项工作仅适用于单设备的情况，没有考虑多设备间资源竞争的情况。Sun 等人[22]基于线性规划模型提出了一种带宽分配策略，信道状态较好的无线设备会被分给更多的带宽，以提高带宽的使用效率。Huang 等人[23]提出了一种正交频分复用网络中网络资源联合调度分配策略，通过该策略来优化应用层面的服务质量。然而上述工作均仅解决了单信道占用情况下的无线网络资源竞争问题，没有考虑多信道同时占用等情况，如上、下行双工。

博弈论是一种广泛用于无线资源分配问题的理论工具。Zhu 等人[17]研究了有限传输功率、频谱资源下多用户竞拍问题，通过使用贝叶斯博弈，实现了局中人隐藏竞拍策略情况下的纳什均衡求解。Chen 等人[16]提出了一种多信道网络下多用户计算卸载优化策略，他们将该问题建模为势博弈，从而保证纳什均衡的存在。Josilo 等人[24]研究了公平共享带宽情况下的计算卸载问题，该问题同样被证明是势博弈问题，存在纳什均衡解。这两项工作均采用最佳回应（bestresponse）算法来求纳什均衡解，该算法要求所有设备能完整获知其他各设备当前的选择策略，根据 2.1.1 节的分析，显然不适用本章所研究的多终端设备数据传输场景。本章的工作聚焦于解决无实时信息、信息不完整情况下的终端设备多链路选择问题，与现有工作相比，更富挑战性，没有得到充分研究和解决。

2.2　系统模型

终端设备集合用 $\mathcal{N} = \{1, 2, \cdots, |\mathcal{N}|\}$ 表示，包含 $|\mathcal{N}|$ 台终端设备。各终端设备在不同时段对无线链路有不同需求。本章研究以上行、下行、双工链路为例，用 $i = 1, 2$ 分别表示上行链路和下行链路，用 $i = 3$ 表示双工链路，即同时需要占用上行链路和下行链路。用 η_{ni} 表示终端设备 n 对链路 i 的需求程度。例如，终端设备 n 在下一个时段需上传数据，那么 η_{n1} 是 $\eta_{ni}, i \in \{1, 2, 3\}$ 中最大的，表示终端设备 n 需要使用上行链路。

假定存在一个通信中继节点，如基站，所有终端设备通过该中继节点与云中心互传数据。无线网络采用常见的频分双工模式①。无线链路的带宽为 B_i（单位为 Hz），频谱效率用 μ_i（单位为 bps/Hz）表示，该指标是无线通信领域的一个常用指标。因此，无线链路 $i \in \{1,2\}$ 的数据传输率 R_i 为 $R_i = \mu_i B_i$。

各终端设备根据自身需要选择一个传输链路。用 a_n 表示终端设备 n 的链路选择决策。定义指示函数 $I(a_n, i)$ 如下：

$$I(a_n, i) = \begin{cases} 1, & a_n = i \\ 0, & a_n \neq i \end{cases} \tag{2.1}$$

令 $\boldsymbol{a} = (a_1, a_2, \cdots, a_{|\mathcal{N}|})$ 表示所有终端设备的联合链路选择决策。用 a_{-n} 表示除终端设备 n 外所有终端设备的链路选择决策的集合。因此，若单独研究终端设备 n 时，可用 $\boldsymbol{a} = (a_n, a_{-n})$ 表示所有终端设备的联合链路决策。令 $\mathcal{A}$ 表示所有可能的联合链路决策的集合，那么 $|\mathcal{A}| = 3^{|\mathcal{N}|}$。

假设所有选择相同链路的终端设备根据下述公式共享该链路的数据传输率：

$$R_{ni} = R_i \frac{g(n)}{\displaystyle\sum_{m \in \mathcal{N}: a_m = i, 3} g(m)}, \quad i = 1, 2 \tag{2.2}$$

式中，$g(n)$ 为终端设备 n 的增益函数，该函数由中继节点的流量控制机制进行调整。例如，当中继节点采用平等分配机制时，$g(n) = 1$，$\forall n \in \mathcal{N}$ [24,25]。式（2.2）指明了上行链路和下行链路的数据传输率计算方式。对于双工链路，由于同时需要上行链路和下行链路，因此定义双工链路的数据传输率为上行链路和下行链路数据传输率中的较小者，即 $R_{n3} = \min\{R_{n1}, R_{n2}\}$。

终端设备的效用由终端对链路的需求程度和所选链路的数据传输率决定。给定联合链路选择决策 $\boldsymbol{a}$，定义终端设备的效用为

$$U_n(\boldsymbol{a}) = \sum_{i \in \{1,2,3\}} \eta_{ni} R_{ni} I(a_n, i) \tag{2.3}$$

通过式（2.3）可发现，终端设备的效用相互影响。如果过多的终端设备选择同一链路，则该链路发生拥塞会导致数据传输率下降，从而影响终端设备的效用。然而，如果终端设备选择一条空闲但需求程度不高的链路，其效用仍然较低。本章致力于提出一套链路选择框架，使各终端设备在各自所处环境下最大化自身的效用。

----

① 时分双工模式也适用本章所提方法，仅需修改数据传输率计算方法即可。

2.3　终端设备链路选择博弈

2.2 节对本章所研究的问题场景进行了建模，根据该模型，本节将所研究的问题形式化为链路选择博弈，并在此基础上，分析该博弈的特殊性质。

2.3.1　博弈模型构建

如 2.2 节所述，终端设备的效用不仅取决于它自身的链路选择，还受其他终端设备链路选择的影响。各终端设备尝试通过链路选择最大化自身的效用。所以，我们将无人集群链路选择问题建模为链路选择博弈 $\varGamma = (\mathcal{N}, \{\mathcal{A}_n\}_{n \in \mathcal{N}}, \{U_n\}_{n \in \mathcal{N}})$，其中每台终端设备都是理性的局中人，各局中人的目标函数为 $U_n(a)$，各局中人的决策空间为 $\mathcal{A}_n = \{1, 2, 3\}$。

当一台终端设备单方面地改变个体链路选择决策时，它可能对其他终端设备的效用产生影响，促使其他终端设备重新进行链路选择决策。这一过程不断反复，直到达成一个能令所有终端设备满意的方案。在该方案下，没有一台终端设备可以通过单方面地改变自身的链路选择决策而提高自身的效用。该方案被称为纳什均衡解，其定义如下。

定义 2.1：对于一个联合链路决策 a^*，当不存在任何一台终端设备可以通过单方面改变链路选择而提升自身效用时，a^* 是链路选择博弈的纳什均衡解，即

$$U_n(a_n^*, a_{-n}^*) \geqslant U_n(a_n, a_{-n}^*), \ \forall a_n \in \mathcal{A}_n, \ \forall n \in \mathcal{N} \qquad (2.4)$$

当达到纳什均衡时，由于每台终端设备都取得了当前环境下可能获得的最大效用，因此不存在终端设备有意愿改变链路选择决策，对于终端设备链路选择问题，这是一个稳定的解。从而，需要分析终端设备链路选择问题是否存在纳什均衡解，若不存在，则整个系统将不断振动，永远无法达成能令所有终端设备均满意的方案。本章剩余部分将通过分析证明指出终端设备链路选择问题是否存在纳什均衡解，并设计一套算法求解该博弈的纳什均衡解。

2.3.2　博弈性质分析

根据定义 2.1，当博弈达到纳什均衡时，所有终端设备的链路决策都是当前环境下该终端设备决策空间中的最优解。这种链路选择决策称为最优回应（Best Response）[26]。首先，给出链路选择博弈的最优回应。

定理 2.1：给定除终端设备 n 以外其他所有终端设备的链路选择决策集合 a_{-n}，终端设备 n 的最优回应 $\mathrm{BR}_n(a_{-n})$ 如下。

当满足下述条件时，$\mathrm{BR}_n(a_{-n}) = 3$：

$$\frac{\eta_{n3}R_i}{\sum_{m \in \mathcal{N}:a_m=i,3} g(m)} > \frac{\eta_{nj}R_j}{\sum_{m \in \mathcal{N}:a_m=j,3} g(m)}, \quad \forall i,j \in \{1,2\} \tag{2.5}$$

当满足下述条件时，$\mathrm{BR}_n(a_{-n}) = i, i \in \{1,2\}$：

$$\begin{cases} \dfrac{\eta_{ni}R_i}{\sum_{m \in \mathcal{N}:a_m=i,3} g(m)} > \min\left\{ \dfrac{\eta_{n3}R_1}{\sum_{m \in \mathcal{N}:a_m=1,3} g(m)}, \dfrac{\eta_{n3}R_2}{\sum_{m \in \mathcal{N}:a_m=2,3} g(m)} \right\} \\[4mm] \dfrac{\eta_{ni}R_i}{\sum_{m \in \mathcal{N}:a_m=i,3} g(m)} > \dfrac{\eta_{nj}R_j}{\sum_{m \in \mathcal{N}:a_m=j,3} g(m)}, \quad j \in \{1,2\} \setminus \{i\} \end{cases} \tag{2.6}$$

根据式（2.1）～式（2.3），可以很容易地证明定理 2.1，所以此处略去证明。为了分析链路选择博弈的纳什均衡解是否存在，我们引入势博弈的一个重要性质。

定义 2.2：对于 $\forall n \in \mathcal{N}$，$\forall a_{-n} \in \underset{i \neq n}{\times} \mathcal{A}_i$，$\forall a_n$，$a_n' \in \mathcal{A}_n$，当存在一个势函数 $\Phi(a_n', a_{-n})$ 满足下列不等式时，一个博弈属于广义序贯势博弈。

$$U_n(a_n', a_{-n}) - U_n(a_n, a_{-n}) > 0 \Rightarrow \Phi(a_n', a_{-n}) - \Phi(a_n, a_{-n}) > 0 \tag{2.7}$$

如果一个博弈是广义序贯势博弈，那么它具备一个重要的性质：有限提高性。有限提高性是指，局中人通过有限的、异步的更优或最优回应，一定能在全局达到纳什均衡。因此，我们可以通过证明链路选择博弈属于广义序贯势博弈，来证明链路选择博弈的纳什均衡解的存在性。

定理 2.2：链路选择博弈是一个广义序贯势博弈，其对应的势函数为

$$\Phi(\boldsymbol{a}) = -\sum_{n\in\mathcal{N}:a_n=1,2}\frac{1}{\eta_{na_n}R_{a_n}}\sum_{m\in\mathcal{N}:a_m=a_n,3}g(m) -$$
$$\sum_{n\in\mathcal{N}:a_n=3}\frac{1}{\eta_{n3}}\max\left\{\sum_{m\in\mathcal{N}:a_m=1,3}\frac{g(m)}{R_1},\sum_{m\in\mathcal{N}:a_m=2,3}\frac{g(m)}{R_2}\right\} \tag{2.8}$$

所以，链路选择博弈存在纳什均衡解。

证明：不失一般性，假设终端设备 k 改变了链路选择以提高自身的效用，$U_k(a_k,a_{-n}) > U_k(a_k',a_{-n})$。在人员密集环境中，由于终端设备数量多，通常有大量终端设备选择同一链路，因此 $\sum_{m\in\mathcal{N}\setminus\{k\}:a_m=a_k,3}g(m) \gg g(k)$。从而，可得近似，即

$$\sum_{m\in\mathcal{N}:a_m=a_k,3}g(m) \approx \sum_{m\in\mathcal{N}\setminus\{k\}:a_m=a_k,3}g(m) \tag{2.9}$$

分下述三种情况证明定理 2.2：① $U_k(3,a_{-k}) > U_k(i,a_{-k}),\forall i\in\{1,2\}$；② $U_k(i,a_{-k}) > U_k(3,a_{-k}),\forall i\in\{1,2\}$；③ $U_k(i,a_{-k}) > U_k(j,a_{-k}),\forall i,j\in\{1,2\}$。

情况①：$U_k(3,a_{-k}) > U_k(i,a_{-k}),\forall i\in\{1,2\}$。

根据式（2.8）和式（2.9），可得

$$\Phi(3,a_{-k}) - \Phi(i,a_{-k}) = -\frac{1}{\eta_{k3}}\max\left\{\sum_{m\in\mathcal{N}:a_m=1,3}\frac{g(m)}{R_1},\sum_{m\in\mathcal{N}:a_m=2,3}\frac{g(m)}{R_2}\right\} +$$
$$\frac{1}{\eta_{ki}R_i}\sum_{m\in\mathcal{N}:a_m=i,3}g(m) \tag{2.10}$$

$U_k(3,a_{-k}) > U_k(i,a_{-k})$ 意味着满足式（2.5）。从而，有

$$\frac{1}{\eta_{k3}}\max\left\{\sum_{m\in\mathcal{N}:a_m=1,3}\frac{g(m)}{R_1},\sum_{m\in\mathcal{N}:a_m=2,3}\frac{g(m)}{R_2}\right\} < \frac{1}{\eta_{ki}R_i}\sum_{m\in\mathcal{N}:a_m=i,3}g(m) \tag{2.11}$$

所以，可得 $\Phi(3,a_{-k}) > \Phi(i,a_{-k})$。

对于情况②，通过类似情况①的分析过程，可证得 $U_k(i,a_{-k}) > U_k(3,a_{-k})$，从而有 $\Phi(i,a_{-k}) > \Phi(3,a_{-k})$。

情况③：$U_k(i,a_{-k}) > U_k(j,a_{-k}),\forall i,j\in\{1,2\}$。

根据式（2.8）和式（2.9），可推导得

$$\Phi(i,a_{-k}) - \Phi(j,a_{-k}) = -\frac{1}{\eta_{ki}R_i}\sum_{m\in\mathcal{N}:a_m=i,3}g(m) + \frac{1}{\eta_{kj}R_j}\sum_{m\in\mathcal{N}:a_m=j,3}g(m)$$

$U_k(i,a_{-k}) > U_k(j,a_{-k})$ 意味着满足式（2.6）。从而有

$$\frac{1}{\eta_{ki} R_i} \sum_{m \in N: a_m = i, 3} g(m) < \frac{1}{\eta_{kj} R_j} \sum_{m \in N: a_m = j, 3} g(m)$$

所以，可得 $\Phi(i, a_{-k}) > \Phi(j, a_{-k})$。

综上证得，当 $U_k(a_k, a_{-k}) - U_k(a'_k, a_{-k}) > 0$ 时，$\Phi(a_k, a_{-k}) - \Phi(a'_k, a_{-k}) > 0$。

所以，链路选择博弈属于广义序贯势博弈，势函数为式（2.8）。根据有限提高性，可得链路选择博弈可以通过终端设备有限次的、异步的更优或最优回应达到纳什均衡。

2.4　分布式链路选择算法

2.3 节将终端设备数据传输链路选择问题建模为链路选择博弈，并证明该博弈属于广义序贯势博弈。对于广义序贯势博弈，有一系列算法可求得博弈的纳什均衡解，如最优回应。然而，这些算法通常要求局中人进行决策时，能实时获得所有其他局中人的当前决策信息。显然，如此高效的信息传播和采集在实际应用场景中是很难实现的，特别在军事行动、抢险救灾等复杂环境中。为了解决该问题，本节将设计一种分布式算法，实现各终端设备无须获得其他终端设备的当前决策，仅根据历史信息便可进行自身的链路选择决策。

2.4.1　算法设计

分布式链路选择算法的核心思想是各终端设备根据自身观测，进行能提高自身效用的链路决策，直至达到纳什均衡。该算法采用分阶段轮次和分布式的模式。在每个决策轮次，每台终端设备根据自身历史观测信息进行链路选择决策以提高自身的效用。

首先基于经典的虚拟博弈算法[27]设计所提算法。虚拟博弈算法中，每个局中人观测其他局中人的决策，根据其他局中人历史决策的频率分布选择最优回应决策。

令频率 $q_n^i(t)$ 表示在第 1 次至第 $t-1$ 次决策轮次中，终端设备 n 选择决策 $i \in A_n$ 的轮次占所有 $t-1$ 次决策轮次的百分比，即

$$q_n^i(t) = \frac{1}{t-1} \sum_{\tau=1}^{t-1} I(a_n(\tau), i) \tag{2.12}$$

式中，$a_n(\tau)$ 表示局中人 n 在第 τ 轮次的决策。令 $q_n(t) = \{q_n^1(t), q_n^2(t), \cdots, q_n^{A_n}(t)\}$ 表示局中人 n 在所有决策上的频率分布。虚拟博弈算法假设所有局中人相信其他局中人根据历史频率分布进行当前决策。那么，若终端设备在第 t 轮次选择决策 $\hat{a}_n$，它的期望效用 $\bar{U}_n(\hat{a}_n, q_{-n}(t))$ 为

$$\bar{U}_n(\hat{a}_n, q_{-n}(t)) = \sum_{\hat{a}_{-n} \in \mathcal{A}_{-n}} U_n(\hat{a}_n, \hat{a}_{-n}) \prod_{a_m \in \hat{a}_{-n}} q_m^{a_m}(t) \tag{2.13}$$

式中，$\mathcal{A}_{-n}$ 是除终端设备 n 以外其他所有终端设备所有可能的联合链路决策，即 $\mathcal{A}_{-n} = \times_{m \neq n} \mathcal{A}_m$。在虚拟博弈算法中，每个局中人选择可最大化自身期望效用 $\bar{U}_n(\hat{a}_n, q_{-n}(t))$ 的决策。

$$a_n(t) = \arg\max_{\hat{a}_n \in \mathcal{A}_n} \bar{U}_n(\hat{a}_n, q_{-n}(t)) \tag{2.14}$$

在之前的研究工作中已证明，即使没有其他局中人的当前决策信息，虚拟博弈算法仍能保证势博弈收敛于纳什均衡解。然而，在大型博弈中，期望收益的计算量极大，求解是非常困难的。如式（2.13），在一个决策轮次中，局中人需要遍历其他局中人所有可能的决策，计算复杂度显然难以接受。例如，对于链路选择博弈，如果有 100 台终端设备，那么计算期望收益需要遍历的空间大小达到 3^{99}。

根据虚拟博弈算法，我们设计改进的联合虚拟博弈算法，该算法可大幅度降低计算复杂度，并保证收敛性。区别于虚拟博弈算法，在联合虚拟博弈算法中，一台终端设备将其他所有终端设备视为一个联合整体。在各决策轮次，该终端设备根据其他终端设备的联合历史频率更新自身的链路选择决策。

令 $f^{\hat{a}}(t)$ 表示在第 1 次至第 $t-1$ 次决策轮次中，所有终端设备的联合链路决策为 $\hat{a}$ 的轮次占所有 $t-1$ 次决策轮次的百分比，即

$$f^{\hat{a}}(t) = \frac{1}{t-1} \sum_{\tau=1}^{t-1} I(a(\tau), \hat{a}) \tag{2.15}$$

令 $f(t) = \{f^{\hat{a}_1}(t), f^{\hat{a}_2}(t), \cdots, f^{\hat{a}_{|\mathcal{A}|}}(t)\}$ 表示所有可能的联合链路决策的概率分布。令 $f_{-n}^{\hat{a}_{-n}}(t)$ 表示在第 1 次至第 $t-1$ 次决策轮次中，除终端设备 n 以外所有终端设备的联合链路决策为 $\hat{a}_{-n}$ 的轮次占所有 $t-1$ 次决策轮次的百分比，即

$$f_{-n}^{\hat{a}_{-n}}(t) = \frac{1}{t-1} \sum_{\tau=1}^{t-1} I(a_{-n}(\tau), \hat{a}_{-n}) \tag{2.16}$$

令 $f_{-n}(t)$ 表示所有可能的联合链路决策 $\hat{a}_{-n}$ 的概率分布。类似虚拟博弈算法中的假设，我们假设所有局中人相信其他局中人根据历史联合链路决策频率分布进行当前的联合决策。那么，若终端设备在第 t 轮次选择决策 $\hat{a}_n$，它的期望效用 $\overline{U}_n(\hat{a}_n, q_{-n}(t))$ 为

$$\overline{U}_n(\hat{a}_n, f_{-n}(t)) = \sum_{\hat{a}_{-n} \in \mathcal{A}_n} U_n(\hat{a}_n, \hat{a}_{-n}) f_{-n}^{\hat{a}_{-n}}(t) \tag{2.17}$$

为了便于描述，令 $\overline{U}_n^{\hat{a}_n}(t) \triangleq \overline{U}_n(\hat{a}_n, f_{-n}(t))$。然而，式（2.17）的计算复杂度仍然较高。将式（2.16）代入式（2.17），可得

$$\overline{U}_n^{\hat{a}_n}(t) = \frac{1}{t-1} \sum_{\tau=1}^{t-1} U_n(\hat{a}_n, a_{-n}(\tau)) \tag{2.18}$$

式（2.18）表明，终端设备 n 在第 t 轮次选择决策 $\hat{a}_n$ 的期望效用就是，在第 1 次至第 $t-1$ 次决策轮次中，终端设备 n 始终选择决策 $\hat{a}_n$，其他终端设备保持原有决策不变时，终端设备 n 的平均效用。显然，通过变形，期望效用的计算复杂度明显降低。我们进一步将式（2.18）简化为递归形式，即

$$\overline{U}_n^{\hat{a}_n}(t+1) = \frac{t-1}{t} \overline{U}_n^{\hat{a}_n}(t) + \frac{1}{t} U_n(\hat{a}_n, a_{-n}(t)) \tag{2.19}$$

式（2.19）表明，期望效用的计算复杂度、空间复杂度都被大幅度降低。一方面，终端设备无须遍历所有可能的联合链路决策的巨大空间。另一方面，该终端设备无须存储其他终端设备的所有历史信息。在各决策轮次，该终端设备仅需根据观测到的其他终端设备的最新的决策用式（2.19）更新期望效用。

类似虚拟博弈算法，每台终端设备选择可最大化自身期望效用 $\overline{U}_n(\hat{a}_n, q_{-n}(t))$ 的决策，

$$\text{BR}_n(t) = \arg\max_{\hat{a}_n \in \{0,1,2\}} \overline{U}_n^{\hat{a}_n}(t) \tag{2.20}$$

我们假设在每个决策轮次，每台终端设备可以收到上一轮次中所有终端设备链路选择决策的反馈信息。根据上一轮的决策，每台终端设备更新期望效用，产生相应的最优回应。这个假设可通过捎带确认技术（Piggybacking Technology）配合中继节点的心跳信号实现。

然而，由于移动无线网络环境的复杂性，特别是在军事行动等存在干扰的场景下，终端设备可能丢失部分反馈信息。因此，终端设备无法及时更新期望效用，改变链路选择决策。用 $\alpha_n(t)$ 表示终端设备 n 在第 t 轮次丢失信息的概率，$0 < \underline{\varepsilon} \leqslant \alpha_n(t) \leqslant \overline{\varepsilon} < 1$，其中 $\underline{\varepsilon}$、$\overline{\varepsilon}$ 分别是丢失概率的下限和上限。那么，

终端设备会依概率 $\alpha_n(t)$ 保持之前的链路选择决策不变。

算法 2.1 给出了分布式链路选择算法的伪代码。在每个决策轮次 t，终端设备 n 首先接收关于上一轮次链路状态的反馈信息 $\rho_i(t-1)$。$\rho_i(t-1)$ 是上一轮次中，所有选择链路 i 的终端设备的增益函数的总和。具体来说，在上一轮次结束时（第 21 行），每台终端设备将决策通过心跳信号确认传输至中继节点，接着中继节点根据式（2.21）计算各链路上的增益函数总和，并反馈至各终端设备。

算法 2.1　分布式链路选择算法

1: 每台终端设备初始化自身的链路选择决策 $a_n(0)$；

2: 每台终端设备根据式（2.13）初始化自身的期望效用 $\bar{U}_n^i(0) + U_n(i, a_{-n}(0))$；

3: $t \leftarrow 1$；

4: **while** 未达到纳什均衡 **do**

5: 　　**for** 终端设备 $n \in \{1, 2, \cdots, N\}$ 并行地 **do**

6: 　　　　依丢失概率 $a_n(t)$ 接受反馈信息 $\rho_i(t-1)$；

7: 　　　　**if** 终端设备 n 接收到完整的反馈信息 **then**

8: 　　　　　　$\max \leftarrow 0$；

9: 　　　　　　**for** $i \in \{1, 2, 3\}$ **do**

10: 　　　　　　　　根据式（2.19）更新期望效用 $\bar{U}_n^i(t)$；

11: 　　　　　　　　**if** $\bar{U}_n^i(t) > \max$ **then**

12: 　　　　　　　　　　$\max \leftarrow \bar{U}_n^i(t)$；

13: 　　　　　　　　　　$\mathrm{BR}_n(t) \leftarrow i$；

14: 　　　　　　　　**end if**

15: 　　　　　　**end for**

16: 　　　　　　$a_n(t) \leftarrow \mathrm{BR}_n(t)$；

17: 　　　　**else**

18: 　　　　　　$\bar{U}_n^i(t) < \bar{U}_n^i(t-1)$；

19: 　　　　　　$a_n(t) \leftarrow a_n(t-1)$；

20: 　　　　**end if**

21: 　　　　将链路选择决策 $a_n(t)$ 传输至中继节点；

22: 　　**end for**

23: 　　$t \leftarrow t + 1$；

24: **end while**

$$\rho_i(t-1) = \sum_{m \in \mathcal{N}, a_m(t-1)=i,3} g(m), i \in \{1,2\} \qquad (2.21)$$

根据中继节点的反馈信息，各终端设备计算不同链路的期望效用，并选择可最大化期望效用的链路（第9~16行）。这个过程不断重复，直至达到纳什均衡。

从算法2.1可以看出，分布式链路选择算法是一个轻量级的算法，对每台终端设备的计算复杂度很低。在一个决策轮次中的计算复杂度仅为$O(|\mathcal{A}_n|)$，终端设备仅需维护不同链路上的期望效用，无须存储其他历史信息。此外，终端设备与中继节点之间的通信可以通过已有的心跳信号实现，通信负担几乎可以忽略。

2.4.2　收敛性分析

下面我们分析分布式链路选择算法的收敛性。下面的定理表明由分布式链路选择算法产生的纳什均衡解具有吸收性。

定理2.3：在任意决策轮次t，如果由算法2.1产生的联合链路决策$a(t)$是一个严格的纳什均衡，那么$a(t+\tau)=a(t)$，$\forall \tau > 0$。

证明：因为$a(t)$是严格的纳什均衡，所以，对于任意终端设备$n \in \mathcal{N}$及该终端设备的任意决策$a_n \in \mathcal{A}_n \setminus a_n(t)$，均满足

$$U_n(a_n(t), a_{-n}(t)) > U_n(a_n, a_{-n}(t)) \qquad (2.22)$$

结合式（2.19），可得$a_n(t)$是唯一能最大化$\bar{U}_n^{a_n}(t+1)$的最优回应。

所以，根据算法2.1中最优回应的机制，$a_n(t), \forall n \in \mathcal{N}$在下一个决策轮次保持不变。定理2.3得证。

定理2.3表明，在算法2.1下，一旦达到一个严格的纳什均衡，联合链路选择决策就将保持不变。因此，所设计算法在达到纳什均衡后停止。另一方面，如果一个联合链路选择决策在多个决策轮次后仍未变化，那么这个联合链路选择决策很可能是纳什均衡解，这可以被视为纳什均衡解的一个标识。

定理2.4：在链路选择博弈中，由算法2.1产生的联合链路决策几乎一定是收敛于纳什均衡解的。

证明上述定理的核心思想是构建有限提高过程，通过该过程联合链路决策将依一定概率收敛于纳什均衡解，该概率不依赖于决策轮次、当前联合链路决策、决策频率分布或其他任何变量。换句话说，算法 2.1 产生的联合链路决策几乎一定收敛于纳什均衡解。

至此，我们提出了一种保证收敛于纳什均衡解的分布式链路选择算法，该算法可使各终端设备不依赖于其他终端设备的当前决策信息，独立进行链路选择决策。

2.5　实验评估

本节将通过一系列实验来评估、验证分布式链路选择算法的有效性和性能提升。

假定中继节点工作在 FDD-LTE 模式，上行链路与下行链路的带宽为 20MHz，上行链路与下行链路的频谱效率分别为 2.55bps/Hz 和 5bps/Hz[28]。假定在一个人员密集的场所内，有 720 台手机、平板电脑等各类终端设备散布在该区域。每台终端设备的信息丢失率设为 0.5。假设终端设备的增益函数由其接受信号的强度决定，$g(n) = \ln(1 + p_n d_n^{-\alpha})$，其中，$p_n$ 是发射功率，d_n 是中继节点和终端设备之间的距离，α 是衰减系数[16,29]。设定 $p_n = 100\,\mathrm{mW}$，$\alpha = 4$。

假定终端设备有三种链路选择偏好，即上传偏好、下载偏好和双工偏好。这三种偏好对应的链路需求程度 $\{\eta_1, \eta_2, \eta_3\}$ 分别为 $\eta_{\mathrm{up}} = \{1, 0.7, 0.9\}$，$\eta_{\mathrm{down}} = \{0.7, 1, 0.9\}$ 和 $\eta_{\mathrm{duplex}} = \{0.75, 0.75, 1\}$。设定三种链路选择偏好的终端设备的比例分别为 20%、60%、20%。

2.5.1　收敛性

首先通过实验验证所提算法的收敛性。选取 8 台终端设备，在图 2.1（a）中显示各终端设备的效用变化情况。可以发现，在 100 个决策轮次内，各终端设备的效用均收敛于一个固定的值，根据定理 2.3，说明已达到纳什均衡。没有终端设备有意愿修改自己的链路选择决策，因此效用值保持不变。从图中可以发现，部分终端设备的最终效用要低于它们的初始效用值。这是由于各终端设备均尝试在有限的无线链路资源下最大化自身的效用。经过终端设备之间的资源竞争，部分终端设备的效用可能下降。所提出的分布式链路选择算法提供了一种当前情况下最优链路选择，并不能保证每台终端设备的效用均得到提升。尽管部分终端设备的效用出现下降，但值得注意的是，大部分终端设备都从该算法中受益，提高了自身的效用。这一点将在后续实验中进一步验证。

图 2.1（b）给出了所有终端设备的平均效用的变化情况。与单台终端设备的效用变化相似，平均效用也在 100 个决策轮次内收敛于一个固定的值。尽管平均效用的最终值大于初始值，但平均效用并没有表现出随着轮次的增加而单调递增的情况，在第 10 轮左右，平均效用超过了 200。这个结果表明，本章所提出的方法并不能保证产生全局最优解。这是由于各终端设备进行分布式决策，根据自身观察尝试最大化自身的效用，因此并不一定产生全局最优解。尽管所求出的纳什均衡解并不是全局最优解，但后续实验将进一步验证所提算法在提高全局效用上的优越性。

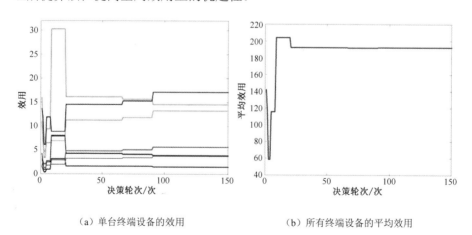

（a）单台终端设备的效用　　　　　　（b）所有终端设备的平均效用

图 2.1　效用的变化情况

我们进一步验证在不同的终端设备数量下算法的收敛速度。令终端设备的数量从 630 台变化到 1080 台。每组实验重复进行 25 次。图 2.2 通过箱线图给出不同终端设备数量下算法收敛所需的轮次数。

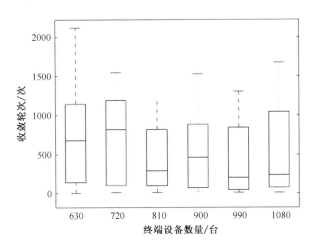

图 2.2　收敛轮次数随终端设备数量的变化

从图 2.2 中可发现两个有趣的结果。第一，终端设备的数量对收敛速度影响较小。收敛轮次数的中位数的最小值甚至出现在终端设备数量为 990 台时，而非数量最少时。这个结果表明分布式链路选择算法对大规模博弈有很好的适应性。第二，同一终端设备数量下，收敛轮次数的跨度比较大，如当终端设备数量为 630 台时，最多需要超过 2000 次才能收敛，而最少仅需 10 次便能收敛。出现这一现象的主要原因是所提算法中牵扯大量随机性，如信息丢失率、随机初始化的联合链路选择决策等。尽管跨度较大，但大多数收敛轮次数分布于 500～1000 次内，这在实际情况中是可接受的。对于 LTE 系统而言，心跳信号的间隔在微秒级[28]，因此所提算法的收敛时间仍然相当短。

2.5.2　性能提升

本节将对比分布式链路选择算法与以下三种基准策略的性能差异。

（1）随机选择（Random Selection）。各终端设备随机选择链路。通过该策略，无线链路被平均分配。

（2）双工选择（Duplex Selection）。所有终端设备均选择双工链路。该策略模拟所有终端设备都是盲目和贪心的。

（3）偏好选择（Preferable Selection）。各终端设备根据自身链路偏好来选择链路。例如，一个下载偏好的终端设备选择下行链路。当终端设备采用该策略时，可视为终端设备按自己的意愿进行决策。

如算法 2.1 所述，多终端设备集合需要一个初始联合链路选择决策。不同的初始决策可能导致不同的最终解。因此，对应上述三种策略，我们测试了三种初始决策。在随机初始决策中，随机确定初始联合链路选择决策。在双工初始决策中，所有终端设备均以双工链路为初始决策。在偏好初始决策中，各终端设备根据自身偏好初始化链路选择决策。每组实验重复运行 10 次。

比较结果如图 2.3 所示。图中不同的条柱表示不同初始决策的分布式链路选择算法。图中横坐标对应三种基准策略。图 2.3（a）～图 2.3（c）为分布式链路选择算法与横坐标对应的基准策略的性能比较结果。从图 2.3（a）～图 2.3（c）可以看出，分布式链路选择算法相比双工选择策略性能提升最大。本章所提方法的效用几乎是双工选择策略的两倍，并且相比双工选择策略，每台终端设备都能从采用本章所提方法中获益，提高自身的效用。这种显著的性能提升主要来源于对不同终端设备链路选择的分流效果。在双工选择策略下，所有终端设备同时占用上行链路和下行链路，导致链路拥塞，拉低了所有终端设备的效用。通过使用本章所提的方法，终端设备可以理性地选择链路，避免链路拥塞，提升自身的效用。与偏好选择策略相比，采用本章所提方法带来的性能提升最小。尽管如此，平均效用仍然提升了超过 20%，大约70%的终端设备可以提升自身的效用，从中获益。这个结果表明终端设备通过采用分布式链路选择算法，而非根据自身意愿选择链路，可大概率地提高自身效用，并且可以提高整个系统的无线链路资源使用效率。

对比图 2.3（b）和图 2.3（c）的结果，有一个有趣的发现。更大平均效益的提高并不一定意味着有更多的终端设备受益。例如，在与偏好选择策略比较时，双工初始决策的平均效用提升率为 26.63%，高于偏好初始决策的提升率 25.63%，但是双工初始决策的终端设备收益率却比偏好初始决策的低 3.5%。这个结果说明，全局最优并不一定意味着每个个体都有效用提升。考虑各终端设备通常处于对等地位，各自执行不同的智能信息处理任务，因此本章所设计的方法主要目的是使更多的终端设备能更好地完成任务。

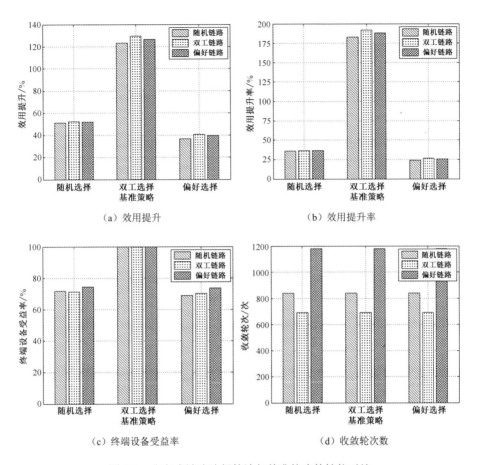

（a）效用提升

（b）效用提升率

（c）终端设备受益率

（d）收敛轮次数

图 2.3　分布式链路选择算法与基准策略的性能对比

　　我们进行了一组实验分析，在采用偏好初始决策的分布式链路选择算法后，与采用偏好选择策略相比，自身效用得到提高的终端设备的分布情况如图 2.4 所示。三角形表示中继节点；实心圆表示采用偏好初始决策的分布式链路选择算法后，效用得到提高的终端设备；空心圆表示效用没有提高的终端设备。

　　如图 2.4 所示，大多数终端设备可以从分布式链路选择算法中受益，提高自身的效用，尤其是离中继节点较近的终端设备。所有在中继节点 50m 范围内的终端设备，相比根据自身偏好进行链路选择，均可在采用分布式链路选择算法后提高自身的效用。同时，离中继节点越远，也不一定意味着采用分布式链路选择算法后会导致效用越低。图 2.4 中，即使在覆盖范围边界上的终端设备仍可能在采用所提算法后提高自身效用。并没有明显的证据显示，处于某一特定区域的终端设备就一定会成为链路选择博弈的输家。为了更进一步地验证这个结论，我们进行了 10 组对比实验，位于不同区域终端设备效用提升率的平均值如图 2.5 所示。我们用色温来表示不同的效用提升率。某个区域内终端设备的效用提升率平均值越高，对应区域的颜色色温越暖。

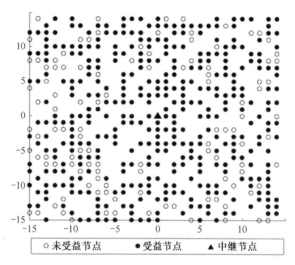

图 2.4   自身效用得到提高的终端设备的分布情况

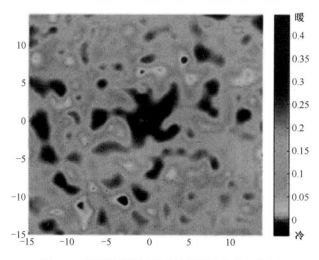

图 2.5   不同区域终端设备效用提升率的平均值

靠近中继节点的深红色区域说明靠近中继节点的终端设备可以在采用本章的方法后获得更高的效用提升。此外，图 2.5 中仅能发现很小片的深蓝色区域，这说明几乎不存在某个特定区域的终端设备，在采用本章所提方法后始终无法提高自身的效用。几乎所有区域的效用提升率均大于 0，在大多数区域，效用提升率达到 20%，这与图 2.3 中显示的结果相吻合。根据上述分析可以推断，在人员密集的场所中，终端设备在采用分布式链路选择算法后，可极大概率地提高自身的效用，同时整个系统的无线资源使用效率也可得到提高。

2.5.3　原型系统

为了解释部署和运行本章所提方法，我们开发了一套原型系统，并在安卓系统上进行展示。该原型系统包含两部分，即服务器端与移动端，用服务器端演示中继节点，用移动端展示终端设备上算法的运行情况。图 2.6（a）是安卓系统上的演示界面。在区域 1 中，有 4 个按钮可供人工设定链路偏好，在选择一个偏好后，默认的链路需求程度会显示在区域 2。在区域 2，也可以人工定制不同的链路需求。这些过程也可由第三方程序自动控制，实现终端设备在无人干预的情况下，根据自身任务自适应地确定链路需求。区域 3 显示了由分布式链路选择算法推荐的链路决策及期望效用。这些结果会被推送到消息栏进行提示，供人工监视终端设备的运行情况，如图 2.6（b）所示。

图 2.7 展示了中继节点控制程序的运行情况，该程序记录了与中继节点连接的终端设备的状态信息，如信号强度、链路选择策略等。

终端设备可在后台运行该原型系统，通过人工预先设定或根据任务需求自适应确定链路选择偏好，当链路选择决策生成后，可指导数据传输控件根据决策选择合适的链路进行数据传输。在稳定不变的环境下，链路选择博弈周期性运行，在该原型系统中设定为 5min。同时，一旦集群环境发生变化，如终端设备改变了链路偏好、终端设备退出集群等，会重新进行链路选择博弈，生成新的纳什均衡解。

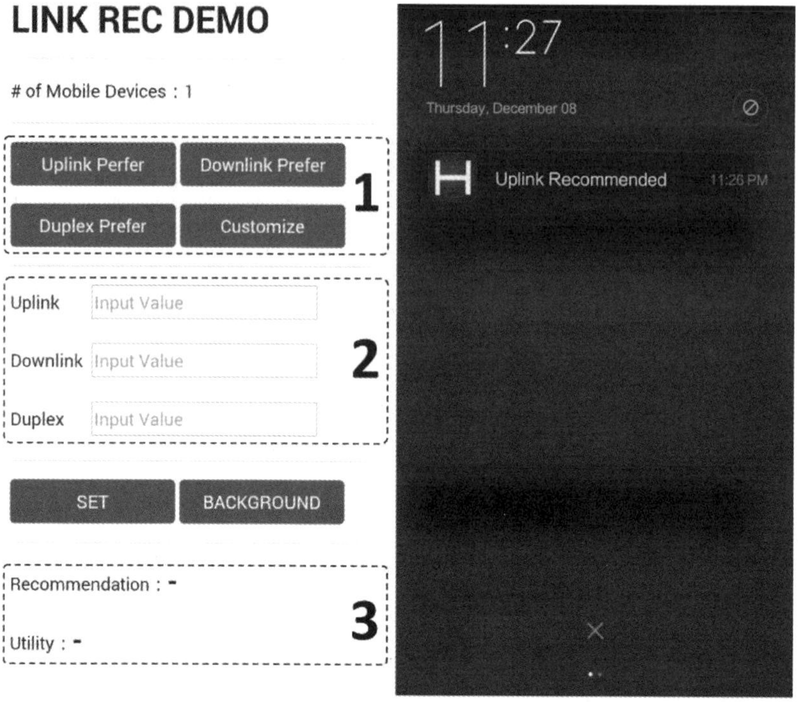

（a）安卓系统演示界面　　　　　　（b）安卓系统消息栏通知

图 2.6　安卓系统演示

图 2.7　中继节点控制程序的运行情况

2.6　本章小结

随着手机、可穿戴设备等终端设备的普及，在一定区域内存在大量终端设备将是一种普遍的应用场景。然而，密集的多终端设备在进行数据传输时，如何避免数据传输链路拥塞，使更多终端设备更好地完成自身任务成了一个重要且极具困难的问题。为了解决该问题，本章将各不同终端设备之间的无线资源竞争建模为链路选择博弈。证明发现，该博弈属于广义序贯势博弈，从而保证了纳什均衡的存在。根据虚拟博弈算法，本章提出了一种分布式链路选择算法，重点解决了降低计算复杂度、降低存储需求等方面的要求，以适应在算力有限的终端设备上部署。通过一系列实验，验证了该算法的收敛性及对多终端设备数据传输性能的提升。在使用本章所提方法后，终端设备可大概率地提高自身数据传输效用，更好地执行智能信息处理任务。最后，我们通过一个原型系统演示了本章所提方法的运行模式。

在下一阶段的研究中，围绕该问题，我们将重点解决两方面的挑战。首先，设计新的纳什均衡求解算法，使算法的收敛过程能更快、更稳定。其次，研究如何在确保大多数终端设备能提高自身效用的前提下，进一步提高整个多终端设备集群的无线资源使用效率。

第 3 章

终端设备数据分布式协同传输优化

在传感器网络、无人集群等典型终端设备应用场景中，终端设备需将采集产生的数据传输至边缘设备或云中心进行处理、存储。由于多设备间数据备份、采集数据重复等，因此各终端设备上可能存在大量冗余数据，多台终端设备传输冗余数据，既无法带来信息效用同时又会消耗终端设备有限的电量、占用系统宝贵的通信资源。因此，在存在冗余数据的情况下，亟须对终端设备协同数据传输过程进行优化。

针对上述问题，本章综合考虑数据链路状态、感知数据重要性及信息饱和等因素，将该问题建模为能耗约束的信息效用最大化问题：长期运行过程中，在一定能耗约束下，最大化上传数据信息效用的平均值。为了解决该问题，本章采用随机网络优化方法[30]设计了一种面向长期优化的分布式上传决策优化方法，该方法由随机关联上传决策和在线分布式调度算法组成，实现单台终端设备在不依赖其他终端实时状态信息的情况下，独立做出优化决策，实现系统整体在长期运行过程中的优化。通过本章研究，可解决终端设备根据数据链路状态和自身状态决定是否传输数据及传输哪些数据等问题。

3.1 引言

3.1.1 问题分析

终端设备固有的续航力限制成为它运行大能耗任务的瓶颈，特别是对于数据传输任务。许多学者围绕数据传输问题开展了深入研究[29-33]。然而，如何在数据存在冗余的情况下实现多终端设备与云中心之间的高效数据传输，至今仍未被充分研究。冗余数据在终端智能信息处理的各类使用场景中广泛存在，如以下两种场景。

（1）动态无线网络中数据分布式存储。与正常情况下的无线网络环境不同，在抢险救灾、军事行动等情况下，终端设备所处的无线网络高度动态[34,35]，由于信号干扰、流量阻塞等，因此终端设备与云中心无法保持稳定、持续的网络连接，频繁的数据传输在该情况下难以实现。为了扩展单台终端设备有限的存储量，并保证低延时的数据存储与获取，在邻近的多台终端设备间共享数据、分布式存储是一种可行的替代方案。但是，无线网络的动态性、终端设备的机动性，使得终端设备随时可能退出系统，随之带来存储数据的丢失。为了提高多终端设备间数据存储的可靠性，同一数据在各不同的终端设备上多副本备份成了一种必要的机制[36,37]，此时出现了冗余数据。

（2）群体感知。群体感知是传感器网络、无人集群等多终端设备的重要应用场景。各终端设备可以互相协作，对周边环境进行探测感知，并将采集到的数据传输至云中心。然而，现实情况下，不同的终端设备可能感知同一目标，采集数据存在冗余[38]。传输这些冗余的采集数据会浪费宝贵的无线带宽和终端设备有限的电量。因此，在多终端设备群体感知中，在不牺牲有效信息的前提下，消除冗余采集数据非常重要。

上述两个场景均存在一个共同的问题，即传输冗余数据导致的信息饱和问题[30]。信息饱和是指当已采集信息的效用达到一定值后，再采集冗余数据不能带来额外信息效用。考虑数据传输对有限带宽的占用及对终端设备电量的消耗，终端设备选择传输不能带来额外信息效用的冗余数据显然是不合适的。因此，我们亟须研究一种能在存在冗余数据情况下，进行高效数据传输的方法。

本章考虑多终端设备协同完成一项信息处理任务，不断产生数据，数据以带冗余的形式分布于多台终端设备上，在传输链路连通时，各终端设备决策是否传输数据、传输哪些数据，云中心收集上传数据，产生信息效用。研究传输冗余数据导致的信息饱和问题存在一系列挑战。

首先，该问题不适合采用中心式决策模式。一方面，中心式决策可能导致中心节点单点失效问题，这在抢险救灾、军事行动等场景中是不可接受的。另一方面，中心式决策无法适应跨域、多链路数据采集，如大规模无人集群，通过卫星、通信飞艇、地面站等多链路同时传输数据的场景。

其次，由于终端设备的位置移动及无线网络的不稳定性，因此各终端设备之间无法实时共享状态信息和决策信息。多台终端设备可能同时传输相同数据的多个副本，造成信息饱和，浪费电量、带宽等宝贵资源。

最后，在抢险救灾、战场环境下，终端设备所处的环境高度动态且难以预测，我们无法提前预知终端设备状态、无线网络状态等信息。因此，现实情况中无法采用一种准确的离线优化方法。

本章聚焦动态网络环境下多终端设备冗余数据传输优化问题，提出了一种自适应分布式传输决策方法（ADAPT）。该方法可辅助各终端设备周期性做出传输决策，在长期运行过程中，在一定能耗约束下，最大化传输数据的信息效用。我们采用随机网络优化方法[30]，设计了一种关联传输决策机制与在线调度算法来面对上文所述各项挑战。本章主要贡献归纳如下。

（1）将动态网络环境下多终端设备冗余数据传输问题建模为能耗约束下效用最大化问题，充分考虑了无线网络信道状态、不同数据重要性差异、信息饱和等因素。

（2）设计了关联传输决策机制以解决各终端设备无法实时交互的问题。各终端设备可根据当前网络、平台状态及数据的重要性，自适应决策是否传输数据，选择传输数据块。此外，通过严格的理论分析与设计，提出了一种剪枝方法，将计算复杂度由指数级下降至多项式级。

（3）为终端设备传输决策设计了一种在线分布式调度算法，该算法不依赖终端设备未来的平台状态信息和网络状态信息。由该算法获得的信息效用被证明可在长期运行过程中，任意接近最优值。

（4）进行了大量仿真实验，以从各角度验证本章所提优化方法的有效性与优越性。此外，开发了一套实际实验系统来测试优化方法的开销，实验结果表明本章所提优化方法在现实中可行。

本章余下部分组织如下：3.2 节给出问题模型与形式化描述；3.3 节设计了一种自适应分布式优化方法，并对该方法性能给出理论分析；3.4 节进行一系列仿真实验以充分验证本章所提方法，并在实际实验系统中测试本章所提优化方法；3.5 节总结了本章内容。

3.1.2 相关工作

随着终端设备类型的不断丰富，大量数据由终端设备产生，突破终端设备固有存储空间限制，扩展终端设备存储容量成了一个亟待解决的问题。受困于连接远端云中心的长时延，许多学者研究如何利用终端设备周边的资源来提高平台本身的存储能力。Abolfazli 等人[39]尝试利用周边移动平台的空闲资源来扩展单个平台的资源，设计了一种面向服务的框架来供移动平台发布、发现周边终端设备上的空闲资源。在此类分布式存储模式下，为提高数据可靠性，通常会采用多副本备份技术。Panta 等人[40]提出了一种分布式通信和存储协议，尝试在基于 Ad-Hoc 的无线网络中，通过至少双版本备份来提高数据存储的可靠性。Chen 等人[36]提出了一种 k-out-of-n 分布式存储框架，当 n 个数据块中至少仍有 k 个可用时，该框架仍能保持数据可取回、可用。这些工作通过冗余备份提高了分布式存储的可靠性，但如何在该情况下进行高效的数据传输仍欠缺研究。

近年来，群体感知吸引了大量学者的关注。Liu 等人[33]提出了一种感知平台选择方法，在保证信息质量的同时提高能耗效率。注意到群体感知中存在的冗余数据问题，Wu 等人[41]通过分析图像元数据来定量评估采集图像的价值，并据此设计了一种图像选择算法来最大化采集图像的覆盖范围。该工作聚焦如何评估与选择图像，忽视了多平台之间的协同过程。Sheng 等人[31]设计了一种基于云中心的协作感知方法来减少冗余数据，提高能耗效率。但是该方法采用了中心式决策模式，如上文所述，该模式无法在许多场景中适用。在 Han 等人[42]与 Chen 等人[43]的工作中，考虑了采集感知数据时存在的冗余信息问题，提出了一种分布式算法以最大化群体感知的效用。然而，这些算法仅仅提供了是否进行感知的决策，也没有将信道状态考虑其中。

移动平台向云中心上传数据的过程中会消耗大量平台电量，特别是在动态、恶劣的无线网络环境下。大量学者尝试解决动态网络中数据高效上传问题。Lombardo 等人[32]设计了一种基于马尔可夫过程的传输协议来降低上传数据时的能耗。Xiang 等人[20]提出了一种弹性近似动态规划算法，综合优化平台的数据传输率与能量消耗。Fang 等人[21]采用李雅普诺夫优化理论，设计了一种在线调度算法，该算法无须未来环境信息即可优化数据传输率。Zhang 等人[29]提出了一种高效的云端卸载策略，同时优化卸载方案与无线信道分配。现有工作大多致力于解决单平台数据传输问题或多平台无线信道分配问题，与此类工作不同，本章尝试解决动态无线网络环境下，多终端设备协作数据上传问题，该问题更具挑战。在预备工作[44]中，对该问题进行了初步研究。但所有数据均被视为同质的，不存在重要性差异。同时，每个平台只能做出

上传所有数据或不上传任何数据的二元决策，缺乏针对动态环境的适应性与
灵活性。

3.2　系统模型与问题形式化

本节考虑一个由 N 台终端设备组成的多终端设备系统周期性地传输数据，
用 t 表示第 t 个传输过程。

在两次传输过程之间，各终端设备产生一系列数据，如终端设备采集的
周围环境数据。为了提高数据的可靠性与可用性，这些数据以相同大小数据块的
形式分布式存储于多终端设备系统内。用 $d_i(t) = (d_{i1}(t), d_{i2}(t), \cdots, d_{iK}(t))$ 表示一
个数据块的副本在第 t 个传输过程中，是否被存储于第 i 台终端设备，其中，
K 是不同数据块的种类数量。$d_{ik}(t) = 1$ 表示 k 类型数据块的副本存储于第 i 台
终端设备上，反之亦然。$D_i(t) = \|d_i(t)\|$ 表示在第 t 个传输过程中，第 i 台终端
设备存储的数据块副本的总数量。用 $d(t)$ 表示由 $d_i(t), i = 1, 2, 3, \cdots, N$ 组成的向
量，$d(t) = (d_1(t), d_2(t), \cdots, d_N(t))$。由于采用了多副本备份机制，或多台终端设
备感知了相同目标，各类数据块在多终端设备系统中存在冗余副本，这意味
着一台或多台终端设备存储有相同类型数据块的副本，$\sum_{i=1}^{N} d_{ik} \geqslant 1$。

当传输链路连通时，一个传输过程开始。各终端设备的位置有差异，因
此不同终端设备的传输信道状态可能不同。用 $\omega_i(t)$ 表示第 t 个传输过程中第
i 台终端设备的信道状态，其中，$\omega_i(t) \in \Omega = \{0, 1, 2, 3, \cdots, |\Omega|-1\}$。$\omega_i(t)$ 的值越
大，表示第 i 台终端设备的信道状态越好。因此，$\omega_i(t) = 0$ 表示最差的信道状
态，而 $\omega_i(t) = |\Omega|-1$ 是最好的信道状态。用 $\omega(t)$ 表示由 $\omega_i(t)$ 组成的向量，
$\omega(t) = (\omega_1(t), \omega_2(t), \cdots, \omega_N(t))$。

在第 t 个传输过程中，各终端设备根据自身可观察信息决策传输哪些数
据块。用 $\alpha_i(t) = (\alpha_{i1}(t), \alpha_{i2}(t), \cdots, \alpha_{iK}(t))$ 表示第 i 台终端设备的决策，其中，二
元决策变量 $\alpha_{ik}(t) \in \{0,1\}$ 表示在第 t 个传输过程中，第 i 台终端设备是否传输 k
类型数据块的副本。$\alpha_{ik}(t) = 1$ 表示第 i 台终端设备决定传输类型 k 数据块的副

本，反之亦然。$\|\alpha_i(t)\|$ 表示在第 t 个传输过程时，第 i 台终端设备传输的数据块副本的总数量。用 $\boldsymbol{\alpha}(t)$ 表示由 $\alpha_i(t)$ 组成的向量，$\boldsymbol{\alpha}(t) = (\alpha_1(t), \alpha_2(t), \cdots, \alpha_N(t))$。从而，可以依式（3.1）计算得到第 t 个传输过程中，这些传输数据产生的信息效用。

$$u(t) = \hat{u}(\boldsymbol{\alpha}(t), \boldsymbol{d}(t)) = \sum_{k=1}^{K} w_k \min\left\{\sum_{i=1}^{N} d_{ik}(t)\alpha_{ik}(t), 1\right\} \qquad (3.1)$$

式中，w_k 表示类型 k 数据块产生的信息效用，或理解为数据块的重要性权重，考虑异质数据块信息效用的不同，引入了该权重。当 $w_k = 1, \forall k \in \{1, 2, 3, \cdots, K\}$ 时，信息效用等价于在传输过程中采集的有效数据块的个数。有效数据块这一概念源自信息饱和问题，具体来说，相同类型数据块的多个副本可能被存储于多台不同的终端设备，当一个或多个副本分别被这些终端设备传输时，只有一个副本是有效的，其余副本是冗余的，不产生信息效用。

用 $p_i(t)$ 表示在第 t 个传输过程中，第 i 台终端设备的能耗。能耗由传输数据块的个数与当前信道状态决定，可得

$$p_i(t) = \hat{p}(\|\alpha_i(t)\|, \omega_i(t)) \qquad (3.2)$$

关于能耗式（3.2）的具体形式，由于现有工作已做了充分研究[45,46]，因此可忽略该式细节。然而，无论该式的具体形式如何，传输越多数据块或信道状态就越差，终端设备消耗的电量显然会越多。回顾 $\omega_i(t)$ 与 $\|\alpha_i(t)\|$ 的定义，可知 $\hat{p}(\|\alpha_i(t)\|, \omega_i(t))$ 关于变量 $\omega_i(t)$ 与 $\|\alpha_i(t)\|$ 非递增。

多终端设备系统的主要目标是在周期性传输过程中最大化平均信息效用。同时，考虑终端设备电量的限制，传输数据的能耗应被限制在一定数值以下。因此，多终端设备冗余数据传输可以被形式化为能耗受限的效用最大化问题。

$$\max: \quad \bar{u} = \lim_{T \to \infty} \frac{1}{T} \sum_{t=0}^{T-1} \mathbb{E}[u(t)] \qquad (3.3)$$

$$\text{s.t.}: \quad \overline{p_i} = \lim_{T \to \infty} \frac{1}{T} \sum_{t=0}^{T-1} \mathbb{E}[p_i(t)] \leqslant c_i, \forall i \qquad (3.4)$$

$$\text{决定是分散的} \qquad (3.5)$$

式中，c_i 表示第 i 台终端设备的平均能耗约束。如 3.1 节所述，由于终端设备的位置移动及无线网络的不稳定性，各终端设备之间无法实时共享平台当前的状态信息与决策信息，因此约束（3.5）指明决策是分布式的，这意味着终端设备仅能根据当前自身可观察信息做出传输决策。

表 3.1 总结了本章主要数学符号的定义。

表 3.1 本章数学符号定义

数学符号	定　　义
$d_{ik}(t)$	类型 k 数据块副本是否存储于第 i 台终端设备的二元变量
$d_i(t)$	第 i 台终端设备的数据存储状态
$\omega_i(t)$	第 i 台终端设备的传输信道状态
$\alpha_{ik}(t)$	类型 k 数据块的副本是否被第 i 台终端设备传输的二元变量
$\alpha_i(t)$	第 i 台终端设备的传输决策
$\|\alpha_i(t)\|$	第 i 台终端设备传输数据块副本的总数量
$u(t)$	第 t 个传输过程产生的信息效用
$w_k(t)$	类型 k 数据块的信息效用
$p_i(t)$	第 i 台终端设备的能耗
$\alpha_i(\omega_i(t))$	传输决策函数

3.3 自适应分布式优化方法

在现实中，解决 3.2 节给出的能耗受限时效用最大化问题是困难的。首先，由于采用分布式决策，因此各终端设备可能传输冗余数据，这些冗余数据无法带来信息效用但却消耗宝贵的平台电量。其次，在抢险救灾、战场环境等场景下，终端设备的移动性与无线网络的不稳定性，使得设备状态高度动态且不可预测，无法采用准确的静态优化算法解决该问题。面对这些困难，我们采用随机关联优化方法来解决第一个问题，并针对第二个问题设计一种无须未来信息的动态在线调度算法。通过本节提出的自适应分布式优化方法（ADAPT），每台终端设备可独立做出关于数据传输的优化决策。

3.3.1 关联传输决策

在一次传输过程中，终端设备根据自身信道状态和可观察信息决策是否进行数据传输、传输哪些数据块。定义 $\alpha_i(t) = \hat{\alpha}_i(\omega_i(t))$，其中，第 i 台终端设备决定以 $\omega_i(t)$ 为变量的函数 $\alpha_i(t)$。为便于符号描述，在本节后续部分省略变量 t，令 $\omega_i(t) \triangleq \omega_i$，$\alpha_i(t) \triangleq \alpha_i$。定义下述由 $\hat{\alpha}_i(\omega_i)$ 构成的向量 $\hat{\boldsymbol{a}}(\boldsymbol{\omega})$，来表示多终端设备的分布式决策。

$$\hat{\boldsymbol{a}}(\boldsymbol{\omega}) = (\hat{\alpha}_1(\omega_1), \hat{\alpha}_2(\omega_2), \cdots, \hat{\alpha}_N(\omega_N))$$

对任意一台终端设备，在信道状态 ω_i 下共有 2^K 种可能的决策。因此，所有可能的分布式决策 $\hat{\boldsymbol{a}}(\boldsymbol{\omega})$ 的数量可达到 $M = \prod_{i=1}^{N} 2^{K|\Omega|}$。令 $\hat{\boldsymbol{a}}^{(m)}(\boldsymbol{\omega})$，$m \in \{1, 2, 3, \cdots, M\}$ 表示所有 M 种可能的分布式决策中的一个特定决策。

随机关联优化的核心思想是每台终端设备在所有可能的分布式决策中选择特定的一个 $\hat{\boldsymbol{a}}^{(\text{opt})}(\boldsymbol{\omega})$ 来最大化时间平均效用。然而，指数级的 M 能有极大的取值，穷举所有策略显然是不可能的。即使仅确定要传输的数据块的个数 $\|\alpha_i\|$，解空间大小也会达到 $\prod_{i=1}^{N} K^{|\Omega|}$，这依然无法接受。

幸运的是，根据严格的理论分析发现，大多数策略是无效的。通过巧妙的设计，可以将解空间大小降低至多项式级。下面开始具体分析。

确定在特定的信道状态下，一台终端设备应传输数据块副本的数量。

定理 3.1： 对于本章定义的能耗受限的效用最大化问题，传输数据块数量的最优值 $\|\hat{\alpha}_i(\omega_i)\|$ 是关于信道状态 ω_i 非递减的，$\forall i \in \{1, 2, 3, \cdots, N\}$。

证明： 假设有信道状态 $\omega, \gamma \in \Omega$，$\omega < \gamma$，传输策略确定的最优传输数据块数量满足 $\|\hat{\alpha}_i(\omega)\| > \|\hat{\alpha}_i(\gamma)\|$，即 $\|\hat{\alpha}_i(\omega_i)\|$ 不满足非递减特性。通过构建新的传输策略 $\hat{\alpha}_{i'}(\omega_i)$，若新策略 $\hat{\alpha}_{i'}(\omega_i)$ 可在不丧失最优性的前提下，同时对 ω 与 γ 满足非递减特性，则可以证明上述定理。

由下式定义两个新策略 $\hat{\alpha}_i^{\text{low}}(\omega_i)$、$\hat{\alpha}_i^{\text{high}}(\omega_i)$：

$$\hat{\alpha}_i^{\text{low}}(\omega_i) = \begin{cases} \hat{\alpha}_i(\omega_i), & \omega_i \notin \{\omega, \gamma\} \\ \hat{\alpha}_i(\gamma), & \omega_i \in \{\omega, \gamma\} \end{cases}$$

$$\hat{\alpha}_i^{\text{high}}(\omega_i) = \begin{cases} \hat{\alpha}_i(\omega_i), & \omega_i \notin \{\omega, \gamma\} \\ \hat{\alpha}_i(\omega), & \omega_i \in \{\omega, \gamma\} \end{cases}$$

以上两个策略均对信道状态 ω 与 γ 满足非递减特性。假设第 i 台终端设备的信道状态分别以概率 $\Pr_i(\omega)$、$\Pr_i(\gamma)$ 取值 ω、γ。可按以下概率形式构建

新的随机策略 $\hat{\alpha}_{i'}(\omega_i)$。

（1） $\hat{\alpha}_{i'}(\omega_i)$ 依概率 $\Pr_i(\gamma)/(\Pr_i(\omega)+\Pr_i(\gamma))$ 取为 $\hat{\alpha}_i^{\mathrm{low}}(\omega_i)$。

（2） $\hat{\alpha}_{i'}(\omega_i)$ 依概率 $\Pr_i(\omega)/(\Pr_i(\omega)+\Pr_i(\gamma))$ 取为 $\hat{\alpha}_i^{\mathrm{high}}(\omega_i)$。

令 $[\alpha_i,\alpha_i^-]$ 表示 N 维向量 $\boldsymbol{\alpha}$，其中，$\boldsymbol{\alpha}_i^-$ 是由 $\alpha_j,\forall j\neq i$ 构成的 $N-1$ 维向量。对传输过程的信息效用与第 i 台终端设备的能耗分情况讨论如下。

（1）如果 $\omega_i=\omega$，$\hat{\alpha}_i^{\mathrm{low}}(\omega)$ 被选为新的传输策略，那么 $u=\hat{u}([\hat{\alpha}_i(\omega),\boldsymbol{\alpha}_i^-],\boldsymbol{d})$，$u'=\hat{u}([\hat{\alpha}_i(\gamma),\boldsymbol{\alpha}_i^-],\boldsymbol{d})$；$p_i=\hat{p}(\hat{\alpha}_i(\omega),\omega)$，$p_i'(t)=\hat{p}(\hat{\alpha}_i(\gamma),\omega)$。

（2）如果 $\omega_i=\gamma$，$\hat{\alpha}_i^{\mathrm{high}}(\omega)$ 被选为新的传输策略，那么 $u=\hat{u}([\hat{\alpha}_i(\gamma),\boldsymbol{\alpha}_i^-],\boldsymbol{d})$，$u'=\hat{u}([\hat{\alpha}_i(\omega),\boldsymbol{\alpha}_i^-],\boldsymbol{d})$；$p_i=\hat{p}(\hat{\alpha}_i(\gamma),\gamma)$，$p_i'=\hat{p}(\hat{\alpha}_i(\omega),\gamma)$。

（3）如果上述两种情况均不满足，那么 $u=u'$，$p_i=p_i'$。

新构建传输策略与原策略的平均信息效用、平均能耗差异为

$$\mathbb{E}[u-u']=\Pr_i(\omega)\frac{\Pr_i(\gamma)}{\Pr_i(\omega)+\Pr_i(\gamma)}\cdot(\hat{u}([\hat{\alpha}_i(\omega),\boldsymbol{\alpha}_i^-],\boldsymbol{d})-\hat{u}([\hat{\alpha}_i(\gamma),\boldsymbol{\alpha}_i^-],\boldsymbol{d}))+$$
$$\Pr_i(\gamma)\frac{\Pr_i(\omega)}{\Pr_i(\omega)+\Pr_i(\gamma)}\cdot(\hat{u}([\hat{\alpha}_i(\gamma),\boldsymbol{\alpha}_i^-],\boldsymbol{d})-\hat{u}([\hat{\alpha}_i(\omega),\boldsymbol{\alpha}_i^-],\boldsymbol{d}))=0$$

$$\mathbb{E}[p_i-p_i']=\Pr_i(\omega)\frac{\Pr_i(\gamma)}{\Pr_i(\omega)+\Pr_i(\gamma)}\cdot(\hat{p}(\hat{\alpha}_i(\omega),\omega)-\hat{p}(\hat{\alpha}_i(\gamma),\omega))+$$
$$\Pr_i(\gamma)\frac{\Pr_i(\omega)}{\Pr_i(\omega)+\Pr_i(\gamma)}\cdot(\hat{p}(\hat{\alpha}_i(\gamma),\gamma)-\hat{p}(\hat{\alpha}_i(\omega),\gamma))$$
$$=\frac{\Pr_i(\omega)\Pr_i(\gamma)}{\Pr_i(\omega)+\Pr_i(\gamma)}\cdot(\hat{p}(\hat{\alpha}_i(\omega),\omega)-\hat{p}(\hat{\alpha}_i(\gamma),\omega)+$$
$$\hat{p}(\hat{\alpha}_i(\gamma),\gamma)-\hat{p}(\hat{\alpha}_i(\omega),\gamma))$$

依照定义，当 $\omega<\gamma$ 时，信道状态 ω 劣于信道状态 γ。那么，$\hat{p}(\hat{\alpha}_i(\omega),\omega)-\hat{p}(\hat{\alpha}_i(\gamma),\omega)>\hat{p}(\hat{\alpha}_i(\omega),\gamma)-\hat{p}(\hat{\alpha}_i(\gamma),\gamma)$。所以，$\mathbb{E}[p_i-p_i']>0$。

所以，新构建的传输策略 $\hat{\alpha}_{i'}(\omega_i)$ 对 ω 与 γ 满足非递减特性，同时在保持信息效用 $\mathbb{E}[u]$ 为最优值的情况下，降低了第 i 台终端设备的平均能耗 $\mathbb{E}[p_i]$。由于 α_i 不影响其他终端设备的能耗，因此其他终端设备的能耗均保持不变。由此，可得新构建的传输策略 $\hat{\alpha}_{i'}(\omega_i)$ 在不丧失最优性的前提下，满足非递减特性。从而，定理得证。

定理 3.1 说明当 ω_i 大时，传输数据块的最优数量 $\|\hat{\alpha}_i(\omega_i)\|$ 应更多。换句话说，一台终端设备在信道状态比较好时应传输更多的数据块。因此，给定传

输数据块数量如下：

$$
\| \hat{\alpha}_i(\omega_i) \| = \begin{cases} 0, & \omega_i < \omega_i^* \\ \left[D_i^{\frac{\omega_i - \omega_i^*}{|\Omega| - 1 - \omega_i^*}} \right], & \omega_i^* \leqslant \omega_i < |\Omega| - 1 \\ D_i, & \omega_i = |\Omega| - 1 \end{cases} \tag{3.6}
$$

根据式（3.6），当信道状态优于阈值状态时，终端设备决定传输数据，当信道状态最优时，传输全部数据块。该式不仅满足定理 3.1 的非递减性，也直观可解释。

由此，关联传输决策问题转化为对各终端设备确定相应的阈值状态 ω_i^*。令 $\boldsymbol{\omega}^*$ 表示由 ω_i^* 组成的向量，$\boldsymbol{\omega}^* = (\omega_1^*, \omega_2^*, \cdots, \omega_N^*)$。因为终端设备有 $|\Omega|$ 种可能的信道状态，即可能的阈值状态，所以最优传输策略的解空间大小从 $M = \prod_{i=1}^N K^{|\Omega|}$ 降低到 $\widetilde{M} = \prod_1^N |\Omega|$。由于在一个区域内无人集群中终端设备的个数有限，剪枝后的复杂度是可接受的。在各次传输过程中，每台终端设备从 $\{\boldsymbol{\omega}_{(1)}^*, \boldsymbol{\omega}_{(2)}^*, \cdots, \boldsymbol{\omega}_{(\widetilde{M})}^*\}$ 中择优确定阈值向量 $\boldsymbol{\omega}_{(m)}^*$。关于如何确定 $\boldsymbol{\omega}_{(m)}^*$ 将在 3.3.2 节详细介绍。

在确定传输数据块数量后，接着确定哪些数据块副本被传输。当传输数据块最优数量少于该终端设备存储数据块的总数时，该终端设备将根据基于权重的随机策略选择数据块副本传输。

对于第 i 台终端设备存储的类型 k 数据块的副本，它被选择为传输数据块的概率为

$$
\mathrm{ps}_k = \frac{w_k}{\sum_{j=1}^K d_{ij} w_j} \tag{3.7}
$$

终端设备根据上述随机策略选择 $\| \hat{\alpha}_i(\omega_i) \|$ 个副本传输。一个数据块的信息效用也就是权重越大，那么越有可能被选择传输。值得注意的是，该随机策略可灵活地被其他策略替换，在后续实验环节，我们将设计其他两种策略，并将它们与基于权重的随机策略进行比较。

至此，通过首先确定传输数据块数量的最优值向量 $\boldsymbol{\omega}_{(m)}^*$，接着根据基于权重的随机策略选择数据块副本，便可以确定分布式传输策略 $\hat{\boldsymbol{a}}^{(m)}(\boldsymbol{\omega})$。

3.3.2　在线分布式调度算法

3.3.1 节解决了终端设备之间无法实时交互的问题，下面解决第二个问题：如何在不依赖未来信息的条件下实现调度决策。假设在第 $t+D$ 次传输过程结束时，所有终端设备能接收到关于信道状态 $\boldsymbol{\omega}(t)$、存储状态 $\boldsymbol{d}(t)$ 及分布式决策 $\boldsymbol{a}(t)$ 的反馈信息，其中，D 是系统反馈延时。这个假设在现实中是可行的，可以通过捎带确认（piggybacking）技术实现[16,42,43]。

首先，将能耗约束问题转换为队列稳定问题。对每台终端设备，定义一个虚拟队列 $Q_i(t)$，$\boldsymbol{Q}(t)=(Q_1(t),Q_2(t),\cdots,Q_N(t))$。在第 t 次传输过程结束时，$Q_i(t)$ 按下式更新：

$$Q_i(t+1)=\max\{Q_i(t)+p_i(t-D)-c_i,0\} \tag{3.8}$$

式中，$Q_i(0)=0$，$p_i(-1)=\cdots=p_i(-D)=0$。各终端设备根据传输结束时收到的反馈信息迭代更新 $\boldsymbol{Q}(t)$。为了通过一个标量描述所有虚拟队列的状态，我们给出李雅普诺夫函数：

$$L(t)=\frac{1}{2}\sum_{i=1}^{N}Q_i(t)^2 \tag{3.9}$$

文献[47]证明，当虚拟队列达到稳定状态时，即 $\lim\limits_{t\to\infty}\mathbb{E}[Q_i(t)/t]=0$，$\forall i$，能耗约束式（3.4）可被满足。由此，给出 D 时隙-李雅普诺夫漂移函数来描述 $\boldsymbol{Q}(t)$ 的稳定性，即

$$\Delta(t+D)=L(t+D+1)-L(t+D) \tag{3.10}$$

直观来看，为了满足能耗约束，可以通过最小化 D 时隙-李雅普诺夫漂移函数来使虚拟队列趋于稳定。在此过程中，还应同时最大化信息效用，即式（3.1）。为了将这两个目标结合，我们引入漂移-惩罚（Drift-Plus-Penalty）函数[48]：

$$\mathbb{E}[\Delta(t+D)-Vu(t)\,|\,\boldsymbol{Q}(t)] \tag{3.11}$$

式中，$V(\geqslant0)$ 是一个均衡系统稳定性与效用的控制变量。V 越大表明系统越

倾向于传输更多数据块而非维持系统稳定，即低能耗。显然，系统越稳定或信息效用越高，能使式（3.11）越小。通过最小化式（3.11），可以在能耗约束下尽量增大信息效用。因此，能耗约束的效用最大化问题被转换成了最小化式（3.11）问题。

然而，最小化漂移-惩罚函数，即式（3.11），依赖于未来信息 $\Delta(t+D)$。为了避免使用未来信息，我们尝试最小化漂移-惩罚函数的上界，从而最大化信息效用的下界，并同时保持 $\boldsymbol{Q}(t)$ 的稳定。下述定理给出了漂移-惩罚函数的上界。

定理 3.2： 给定 $V>0$，漂移-惩罚函数的上界为

$$\mathbb{E}[\Delta(t+D)-Vu(t)\,|\,\boldsymbol{Q}(t)]\leqslant A(1+2D)-\sum_{i=1}^{N}c_iQ_i(t)+$$
$$\mathbb{E}\left[\sum_{i=1}^{N}p_i(t)Q_i(t)-Vu(t)\,|\,\boldsymbol{Q}(t)\right] \tag{3.12}$$

式中，$A=\dfrac{\displaystyle\sum_{i=1}^{N}c_i^2}{2}$。

证明： 对第 $t+D$ 次传输过程的式（3.8）两边取平方，由于 $\max\{a,0\}^2\leqslant a^2$，可得

$$Q_i(t+D+1)^2\leqslant Q_i(t+D)^2+2Q_i(t+D)(p_i(t)-c_i)+(p_i(t)-c_i)^2$$

对上述不等式在 $i\in\{1,2,3,\cdots,N\}$ 上求和，然后除以 2，可得

$$\Delta(t+D)\leqslant\sum_{i=1}^{N}Q_i(t+D)(p_i(t)-c_i)+\frac{1}{2}\sum_{i=1}^{N}(p_i(t)-c_i)^2$$
$$=\frac{1}{2}\sum_{i=1}^{N}(p_i(t)-c_i)^2+\sum_{i=1}^{N}Q_i(t)(p_i(t)-c_i)+ \tag{3.13}$$
$$\sum_{i=1}^{N}(Q_i(t+D)-Q_i(t))(p_i(t)-c_i)$$

由于 $p_i(t)\leqslant c_i$，可得

$$\frac{1}{2}\sum_{i=1}^{N}(p_i(t)-c_i)^2\leqslant\frac{1}{2}\sum_{i=1}^{N}c_i^2=A \tag{3.14}$$

根据式（3.8），可得

$$|Q_i(t+D) - Q_i(t)| \leqslant \sum_{d=1}^{D} |Q_i(t+d) - Q_i(t+D-1)|$$

$$\leqslant \sum_{d=1}^{D} |p_i(t+d-1-D) - c_i|$$

$$= \sum_{d=1}^{D} |p_i(t_d) - c_i|$$

式中，$t_d = t + d - 1 - D$。因此，有

$$\sum_{i=1}^{N} (Q_i(t+D) - Q_i(t))(p_i(t) - c_i) \leqslant \sum_{i=1}^{N} \sum_{d=1}^{D} |p_i(t_d) - c_i| \, |p_i(t) - c_i|$$

对上述不等式两边取期望，由柯西-施瓦茨（Cauchy-Schwartz）不等式可得

$$\mathbb{E}\left[\sum_{i=1}^{N} (Q_i(t+D) - Q_i(t))(p_i(t) - c_i) \right]$$

$$\leqslant \sum_{i=1}^{N} \sum_{d=1}^{D} \sqrt{\mathbb{E}[(p_i(t_d) - c_i)^2]} \sqrt{\mathbb{E}[(p_i(t) - c_i)^2]}$$

$$\leqslant \sum_{d=1}^{D} \sqrt{\sum_{i=1}^{N} \mathbb{E}[(p_i(t_d) - c_i)^2]} \sqrt{\sum_{i=1}^{N} \mathbb{E}[(p_i(t) - c_i)^2]}$$

$$\leqslant \sum_{d=1}^{D} \sqrt{2A}\sqrt{2A} = 2AD$$

对不等式（3.13）两边取期望，并使用上述不等式和不等式（3.14），可得

$$\mathbb{E}[\Delta(t+D)] \leqslant A(1+2D) + \mathbb{E}\left[\sum_{i=1}^{N} Q_i(t)(p_i(t) - c_i) \right]$$

从而，不等式（3.12）得证。

可以发现，不等式（3.12）右边项中不包含未来信息。从而，在每次传输过程中，每台终端设备首先从 $\{\boldsymbol{\omega}_{(1)}^*, \boldsymbol{\omega}_{(2)}^*, \cdots, \boldsymbol{\omega}_{(\widetilde{M})}^*\}$ 中确定阈值向量 $\boldsymbol{\omega}_{(m)}^*$，然后通过基于权重的随机策略选择数据块，最小化不等式（3.12），可得能耗受限的信息效用最大化问题的长期最优值。

由于各终端设备无法互相实时交互当前的信道状态和决策状态，第 i 台终端设备无法计算不等式（3.12）右边项中的 $p_i(t)$ 和 $u(t)$。但是，通过我们设计的状态反馈机制，终端设备可以在第 t 次传输过程结束时获得第 $t-D$ 次传输过程的信道状态 $\boldsymbol{\omega}(t-D)$、存储状态 $\boldsymbol{d}(t-D)$、分布式决策 $\boldsymbol{a}(t-D)$ 的信息。

基于文献[47]提出的方法，当分布式决策为 $\hat{\boldsymbol{a}}^{(m)}(\boldsymbol{\omega})$ 时，$p_i^{(m)}(t)$ 与 $u^{(m)}(t)$ 可近似计算为

$$\tilde{p}_i^{(m)}(t) = \frac{1}{S}\sum_{s=1}^{S}\hat{p}_i(\|\hat{\alpha}_i^{(m)}(\omega_i(t-D-s))\|, \ \omega_i(t-D-s))$$

$$\tilde{u}^{(m)}(t) = \frac{1}{S}\sum_{s=1}^{S}\mathbb{E}[\hat{u}(\hat{\boldsymbol{a}}^{(m)}(\boldsymbol{\omega}(t-D-s)), \ \boldsymbol{d}(t-D-s))]$$

式中，S 是一个表示采样大小的正整数。

算法 3.1 给出了各终端设备在传输过程中的分布式决策算法的伪代码。

算法 3.1　第 t 次传输过程中第 i 台终端设备的自适应优化决策

1: 观察信道状态 $\omega_i(t)$ 和虚拟队列状态 $\boldsymbol{Q}(t)$；

2: minDPP ← MAX; $\hat{\alpha}^{\text{opt}}(\boldsymbol{\omega})$ ← **NULL**;

3: **for** $\omega_{(m)}^* \in \left\{\omega_{(1)}^*, \omega_{(2)}^*, \cdots, \omega_{(M)}^*\right\}$ **do**

4:　　　根据基于权重的随机策略确定传输决策 $\boldsymbol{a}(\boldsymbol{\omega}(t))$；

5:　　　$\text{DPP} = \sum_{i=1}^{N}\tilde{p}_i^{(m)}(t)Q_i(t) - V\tilde{u}^{(m)}(t)$；

6:　　　**if** DPP < minDPP **then**

7:　　　　　minDPP ← $\text{DPP}_{(m)}$；

8:　　　　　$\hat{\alpha}^{\text{opt}}(\boldsymbol{\omega}(t)) \leftarrow \hat{\alpha}^{(m)}(\boldsymbol{\omega}(t))$；

9:　　　**end if**

10: **end for**

11: 进行数据传输 $\alpha_i(t) = \hat{\alpha}_i^{\text{opt}}(\omega_i(t))$；

12: 接收反馈信息 $\boldsymbol{\omega}(t-D)$，$\boldsymbol{d}(t-D)$ 和 $\boldsymbol{a}(t-D)$，并根据式（3.8）更新队列 $\boldsymbol{Q}(t)$；

3.3.3　理论分析

本节我们将从理论上分析 ADAPT 求得的解与最优解之间的差距，并分析参数 V 在算法中的作用。

定理 3.3：对任意传输信道状态，任意 $V \geqslant 0$，$D \geqslant 0$，以及任意 $S \geqslant 0$，均

满足以下内容。

（1）由 ADAPT 求得的信息效用与最优信息效用之间的差距为

$$\overline{u}^{\mathrm{opt}} - \frac{1}{T}\sum_{t=0}^{T-1}\mathbb{E}[u(t)] \leqslant \frac{A(1+2D)}{V} + \frac{\mathbb{E}[L(D)]}{VT} + O\left(\frac{1}{\sqrt{S}}\right) \qquad (3.15)$$

式中，$\overline{u}^{\mathrm{opt}}$ 是在每次传输决策中做出最优决策、能耗受限的信息效用最大化问题的最优效用值。

（2）ADAPT 保证每台终端设备的平均能耗的上限满足：

$$\frac{1}{T}\sum_{t=0}^{T-1}\mathbb{E}[p_i(t)] \leqslant c_i + O\left(\sqrt{\frac{V}{T}}\right), \forall i \qquad (3.16)$$

证明：根据算法设计，在每次传输过程中，ADAPT 尝试从所有可能的分布式决策中选择一个可最小化不等式（3.12）右边项的决策。假设终端设备选择了能耗受限的效用最大化问题的最优策略，得到最优解，那么有

$$\mathbb{E}[\Delta(t+D) - Vu(t)\,|\,\boldsymbol{Q}(t)] \leqslant A(1+2D) - V\overline{u}^{\mathrm{opt}}$$

对上述不等式两边求期望：

$$\mathbb{E}[\Delta(t+D) - V\mathbb{E}[u(t)]] \leqslant A(1+2D) - V\overline{u}^{\mathrm{opt}}$$

在 $t \in \{0,1,2,\cdots,T-1\}$ 上求和，可得

$$\mathbb{E}[L(T+D)] - \mathbb{E}[L(D)] - V\sum_{t=0}^{T-1}\mathbb{E}[u(t)] \leqslant AT(1+2D) - VT\overline{u}^{\mathrm{opt}} \qquad (3.17)$$

由于 $\mathbb{E}[L(T+D)] \geqslant 0$，对上述不等式移项，可得

$$\overline{u}^{\mathrm{opt}} - \frac{1}{T}\sum_{t=0}^{T-1}\mathbb{E}[u(t)] \leqslant \frac{A(1+2D)}{V} + \frac{\mathbb{E}[L(D)]}{VT}$$

根据反馈信息的设计，我们用系统反馈信息近似准确值。根据文献[47]的分析，近似值与由关联调度算法获得的准确值之间的差异为 $O(1/\sqrt{S})$。所以，不等式（3.15）成立。

再次对不等式（3.17）移项，可得

$$\mathbb{E}[L(T+D)] \leqslant (B+CV)T$$

式中，$B = \mathbb{E}[L(D)] + A(1+2D)$，$C$ 表示一个常数，满足 $C \geqslant \mathbb{E}[u(t)] - \overline{u}^{\mathrm{opt}}$。回顾 $L(t)$ 的定义，可得

$$\mathbb{E}\left[\sum_{i=1}^{N} Q_i(T+D)^2\right] \leqslant 2(B+CV)T$$

根据延森（Jensen's）不等式可得

$$\frac{\mathbb{E}\left[\sum_{i=1}^{N} Q_i(T+D)\right]}{T} \leqslant \sqrt{\frac{2(B+CV)}{T}}$$

利用文献[48]中的证明，可得

$$\frac{1}{T}\sum_{t=0}^{T-1}\mathbb{E}[p_i(t)] \leqslant c_i + \frac{\mathbb{E}[Q_i(T+D)]}{T}$$

结合上述两个不等式，可以计算得到不等式（3.16）成立。

定理 3.3 给出了 ADAPT 求得的结果与最优值之间的差距。不等式（3.15）表明，当 V 足够大时，ADAPT 求得的平均信息效用可任意接近最优信息效用。但是，从不等式（3.16）可以看出，过大的 V 将导致高能耗。通过对 V 的取值进行调整，便可以灵活地在能耗与效用之间获得平衡。此外，我们还可以发现，一个样本大小较大的 S 可以缩小与最优值之间的差距。然而，过大的 S 会显著增加算法复杂度，延长决策时间，并需要更多的空间来存储历史状态。

3.4 实验评估

本节将进行一系列仿真实验，以验证 ADAPT 的性能。此外，我们将在一个实际测试系统中验证 ADAPT 在实际情况下的可用性。

在仿真实验中，模拟一个由 8 台终端设备组成的多终端设备系统。在连续两次传输过程之间，有 20 个不同的数据块产生，每个数据块大小为 16MB。每个数据块有 3 个副本，分别存储于 3 台不同的终端设备上。各数据块的信息效用为[1, 5]之间的一个随机整数。

假设有 4 种传输信道状态 $\Omega = \{0,1,2,3\}$。每次传输过程中，各终端设备从 Ω 中以相同概率随机选取一种信道状态。根据文献[49]的研究，在良好的信道状态下，传输 1MB 数据需要消耗 107mJ 电量。传输能耗与信道状态成反比[45,46]，设定在不同信道状态下每传输 1MB 的能耗为{428,214,142,107}（单位为 mJ）。设定每台终端设备的平均能耗约束为 4J，默认的反馈延迟 $D=2$，采样大小为 $S=8$。

3.4.1　能耗-效用均衡

我们首先验证定理 3.3 中参数 V 的能耗-效用均衡调节作用。图 3.1（a）显示，当 V 增大时，平均信息效用迅速上升并收敛于最优值。但是，上升的速度随着逼近最优值而减缓。该结果与定理 3.3 的结论一致，ADAPT 求得的平均信息效用与最优值之间的差距是 $O(1/V)$。与之对应，如图 3.1（b）所示，平均信息效用的上升加剧了终端设备的能耗负担。幸运的是，ADAPT 可以有效控制终端设备的平均能耗。当 $V < 50$ 时，平均能耗小于能耗约束 $c = 4\text{J}$。即使当 $V = 600$ 时，平均能耗也仅仅比约束值大 3.38%。上述两个结果验证了信息效用、能耗分别与 V 存在 $O(1/V)$ 和 $O(\sqrt{V})$ 的关系，这与定理 3.3 的结论一致。为了在能耗约束下获得一个尽量大的平均信息效用，我们在接下来的实验中设定 $V = 50$。

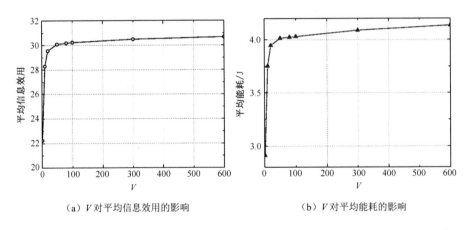

（a）V 对平均信息效用的影响　　　　（b）V 对平均能耗的影响

图 3.1　能耗-效用均衡

接着，我们研究不同 V 值下，平均能耗随着传输次数增加的变化情况。图 3.2 显示，经过多次传输过程后，平均能耗逐渐下降至能耗约束。V 的值越大，平均能耗下降的速度越慢。当 $V = 1$ 时，平均能耗仅经过几次传输过程便显著低于能耗约束。当 $V = 50$、100 时，平均能耗在 $t = 250$ 左右收敛于能耗约束。然而，当 $V = 600$ 时，需要超过 800 次传输过程，平均能耗才能接近于能耗约束。这个结果表明，V 取值较大时能使平均信息效用接近于最优值，但会延长平均能耗向能耗约束的收敛。

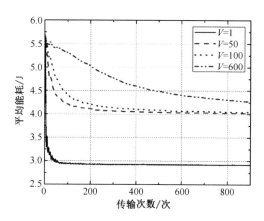

图 3.2 平均能耗随传输次数的变化

3.4.2 反馈延迟与采样大小对性能的影响

定理 3.3 表明，ADAPT 求得的平均效用值与最优值之间的差距随着 S 的增大而减小。为验证这一结论，图 3.3 显示了平均信息效用与平均能耗随采样大小（S）变化的情况。从图 3.3（a）可以看出，当 S 增大时，平均信息效用逐渐增大，并收敛于一个有限的值。但是，平均信息效用的上升有限。当 S 从 1 增大到 60 时，平均信息效用仅仅增加了 2.69%。同时，图 3.3（b）显示，平均能耗几乎保持不变，费效比（Cost/Utility）随着 S 的增大仅仅下降了 2.78%，这一结果表明增大 S 并不能带来明显的性能提升。考虑增大 S 导致计算复杂度、存储要求增大，S 并不宜取一个过大的值。

图 3.4 显示了参数 D 对算法性能的影响。可以发现，参数 D 的取值对 ADAPT 的性能有显著影响。当反馈延迟 D 增加时，平均信息效用显著下降（下降 18.97%）。这个结果表明缩短系统反馈延迟可以明显增加平均信息效用。得益于捎带确认技术，终端设备通常可以在较短时间内接收到反馈信息。当 D 增大时，可以从图 3.4（b）中观察到相似的能耗下降趋势。费效比的波动几乎可以忽略不计。这个结果表明缩短集群反馈延迟并不能提升系统的能耗

效率。即使当反馈延迟缩短时，各终端设备仍然要消耗更多电量来增加信息效用。

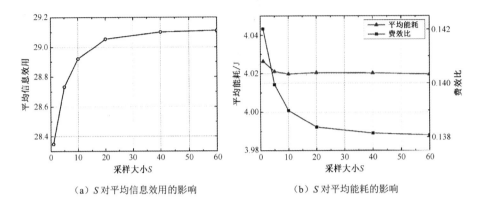

（a）S 对平均信息效用的影响　　　　　（b）S 对平均能耗的影响

图 3.3　采样大小对性能的影响

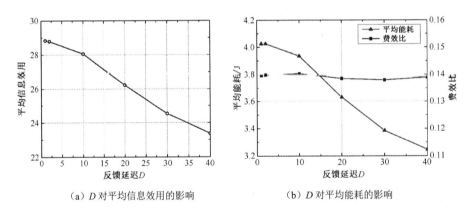

（a）D 对平均信息效用的影响　　　　　（b）D 对平均能耗的影响

图 3.4　反馈延迟对性能的影响

3.4.3　对信道状态的适应性

在激烈的战场等复杂的通信环境下，无线网络高度动态，这要求本章所提算法能对突发的信道变化高度健壮。在下面一组实验中，信道状态的概率分布会发生突变，以此来验证 ADAPT 对信道状态突变的适应性。

设定有 1200 次传输过程，被划分为三个阶段，系统整体的信道状态在这三个阶段各不相同。在第一阶段（$t < 400$），各终端设备的信道状态在 Ω 上均匀分布。在第二阶段（$400 \leqslant t < 800$），概率分布突然变化为如表 3.2 所示的类型 1 分布（较差的信道状态）。在第三阶段（$t \geqslant 800$），信道状态依类型 2 分布随机选择（较好的信道状态）。

表 3.2　信道状态概率分布

$\Pr[\omega_i(t)]$	$\omega_i(t) = 0$	$\omega_i(t) = 1$	$\omega_i(t) = 2$	$\omega_i(t) = 3$
类型 1	0.4	0.4	0.1	0.1
类型 2	0.1	0.1	0.4	0.4

图 3.5 显示了 1200 次传输过程中，各次数据传输时的信息效用与能耗，各次传输过程中的取值为 100 次独立仿真运行后得到的平均值。图 3.5（a）中的两条垂直线表明，ADAPT 能很好地适应环境的突发变化。当信道状态发生突变时，系统能自适应地调整最优效用值，并迅速收敛于新的最优效用值。此外，可以发现第一阶段的效用值明显高于第二阶段。这个结果表明，信道状态是提升信息效用的瓶颈因素。图 3.5（b）显示了能耗的变化情况。当信道分布状态发生突变时，可以观察到两个明显的扰动。但在几个传输过程后，能耗又迅速重新收敛于约束值。还可以从图 3.5 中发现，ADAPT 需要更多的传输过程从第二阶段自适应地转换到第三阶段，这是合理的，因为信道状态从第二阶段向第三阶段的突变要比从第一阶段向第二阶段的突变激烈得多。

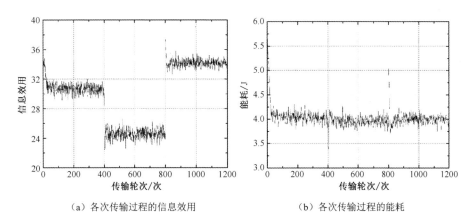

（a）各次传输过程的信息效用　　　　（b）各次传输过程的能耗

图 3.5　系统整体信道状态突变对性能的影响

　　上述实验验证的是 ADAPT 在系统整体信道状态发生突变时的自适应性。各终端设备的位置有差异，因此不同终端设备的信道状态可能发生不同的变化。下面进一步验证，在单台终端设备信道状态发生突变时 ADAPT 的自适应性。1200 次传输过程被划分为两个阶段。在第一阶段（ $t < 600$ ），所有终端设备的信道状态和默认设置相同。在第二阶段（ $t \geqslant 600$ ），终端设备 1 的信道状态分布突变为类型 1 分布，终端设备 8 的信道状态分布突变为类型 2 分布，其他终端设备的信道分布状态保持不变。每次传输过程的效用值和能耗为 100 次独立仿真运行结果的平均值。

　　图 3.6（a）与图 3.6（b）显示，当单台终端设备信道状态发生突变时，系统整体的信息效用与能耗没有发生明显的变化。为了进一步探究在单个终端

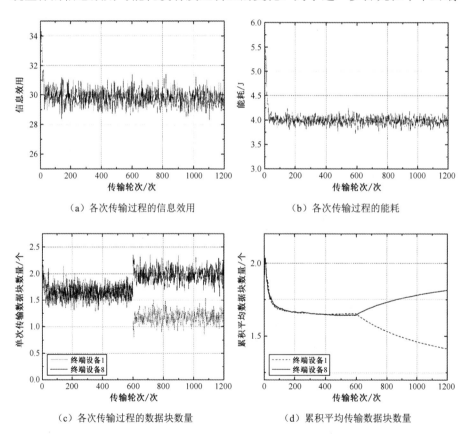

（a）各次传输过程的信息效用　　　　　　　（b）各次传输过程的能耗

（c）各次传输过程的数据块数量　　　　　　（d）累积平均传输数据块数量

图 3.6　单台终端设备信道状态突变对性能的影响

设备信道状态发生变化时，系统整体性能没有出现明显扰动的原因，我们绘制了终端设备 1 和终端设备 8 各次传输的数据块数量。在第一阶段，终端设备 1 传输的数据块数量与终端设备 8 的相似。终端设备 1 在第二阶段的信道状态恶化，传输数据块数量急剧减少；相反，终端设备 8 在第二阶段传输了更多的数据块。为了更清晰地展示这一趋势，我们在图 3.6（d）中绘制了累积平均传输数据块数量 $\frac{1}{t}\sum_{\tau=0}^{t}\overline{\|\alpha_i(\tau)\|}$ 随传输过程的变化情况。在 $t=600$ 以后，终端设备 8 对应的曲线呈现明显的上升趋势，而终端设备 1 的曲线逐渐下降。该实验结果体现了 ADAPT 出色的自适应性。尽管各终端设备在进行传输决策时，无法互相实时传递当前的决策信息和状态信息，得益于 ADAPT 中的关联决策优化机制，分布式的各终端设备仍能高效地合作，共同完成数据传输任务。

3.4.4　终端设备丢失的自适应性

如 3.1 节所述，终端设备的移动性、无线连接的间接性，乃至恶劣环境下终端设备的损毁，导致终端设备可能不可预测地突然丢失。因此，我们需要检验 ADAPT 对终端设备突然丢失的适应性。

将 1200 次传输过程划分为两个阶段。第一阶段（ $t<600$ ）保持默认设置，即多终端设备系统由 8 台终端设备组成。在第 600 次传输过程时，终端设备 8 突然丢失，离开系统，第二阶段（ $t\geqslant600$ ）中，系统仅有 7 台终端设备。

图 3.7 显示了终端设备丢失时，系统整体性能的变化情况。可以发现，多终端设备系统迅速调整了最优效用值，并在短短几个传输过程后，重新收敛于新的最优值。由于仅剩 7 台终端设备在继续传输数据，新的最优信息效用值低于原先的效用值。从图 3.7（b）可以看出，系统整体能耗仅出现了一个短暂的扰动。当一台终端设备丢失后，系统整体能迅速重新收敛于能耗约束。这一结果体现了多终端设备系统对突发变化的良好适应性，证明了 ADAPT 在抢险救灾、军事行动等高度动态环境下的有效性。

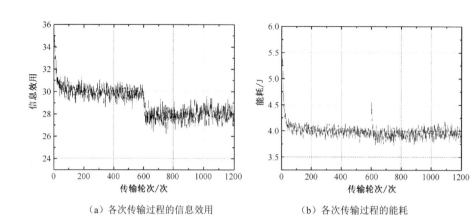

（a）各次传输过程的信息效用　　　　　　（b）各次传输过程的能耗

图 3.7　终端设备丢失对性能的影响

3.4.5　性能比较

上述实验验证了 ADAPT 的有效性，为了进一步验证 ADAPT 带来的性能提升，我们将它与以下 5 个基准算法进行比较。

（1）ADAPT-R：基于 ADAPT 的变形，在选择数据块时采用随机策略而非基于权重的随机策略，每个数据块等可能地被随机选择传输，无论它们的重要性是多少。

（2）ADAPT-P：基于 ADAPT 的变形，在选择数据块时采用重要度优先策略而非基于权重的随机策略，终端设备始终选择重要性权重最大的 $\|\hat{\alpha}_i(\omega_i)\|$ 个数据块传输。

（3）DCUD：文献[44]中提出的算法。与 ADAPT 相比，该算法只能做二元决策，即传输全部数据块或不传输数据块，无法灵活地选择传输数据块个数。此外，该算法未考虑各类数据块不同的信息效用，所有数据块的重要性被视为相同的。

（4）GREEDY：一旦终端设备的平均能耗低于约束，终端设备就选择传输所有数据块，否则不传输任何数据块。

（5）OPERA：文献[21]提出了一种在线调度算法，该算法采用李雅普诺夫优化框架，在终端设备传输数据时，最小化能耗与数据丢失率。

图 3.8 显示了在不同能耗约束下 6 种算法的性能比较，图中结果表明 ADAPT 可以带来明显的性能提升。

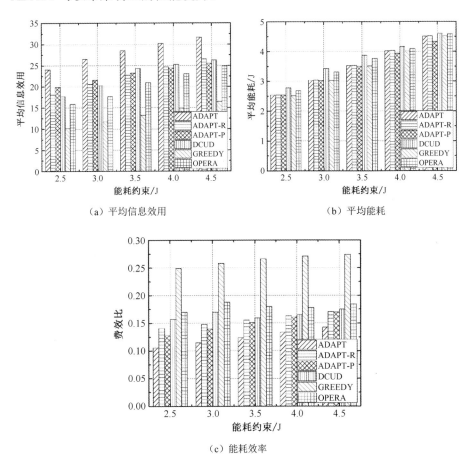

图 3.8　不同能耗约束下 6 种算法的性能比较

图 3.8（a）显示 ADAPT 的平均信息效用始终比其他 5 种基准算法高。该结果表明了 ADAPT 中关联传输决策和分布式在线调度的优越性。一个有趣的现象是，当能耗约束非常强时，ADAPT-P 的平均信息效用大于 ADAPT-R；而当能耗约束变弱时，ADAPT-P 的平均信息效用小于 ADAPT-R。这是由于

当能耗约束较强时，终端设备传输的数据块数量较少，优先传输重要性权重更高的数据块能在此情况下取得更高的信息效用。然而，当能耗约束较弱时，各终端设备传输更多的数据块，这样增加了传输数据块存在冗余的可能性，特别是当终端设备采用重要度优先策略时，高重要度的数据块被大量重复传输。而如果采用随机策略，则会减少数据块被多台终端设备重复传输可能性，有效数据块数量更多。因此，当能耗约束较弱时，ADAPT-R 的平均信息效用会高于 ADAPT-P 的。DCUD 的平均信息效用远低于 ADAPT 的，特别是当能耗约束较强时。DCUD 的性能不佳可归因于欠缺灵活性。终端设备仅有两种决策选择，传输所有的数据块或不传输。所以，当平均能耗接近能耗约束时，DCUD 不能选择传输少量的高重要性数据块来提升信息效用。GREEDY 与其他 5 种算法的巨大的平均信息效用差距说明，在动态不可预测的环境下，分布式在线调度算法是必不可少的。通过在长期运行中优化性能，分布式在线调度算法可以有效提高平均信息效用。在平均信息效用这一指标上，ADAPT 相比 ADAPT-R、ADAPT-P、DCUD、GREEDY、OPERA 分别提高了 25.86%、22.87%、24.77%、115.02%、39.24%。

从图 3.8（b）中可以看出，除了 DCUD 和 OPERA，其他算法均始终能将能耗控制在能耗约束以内。当能耗约束较强（$c_i = 2, 5, 3$）时，DCUD 和 OPERA 的能耗显著高于约束值，这一结果同样可以归因于缺乏灵活性。当终端设备采用 DCUD 或 OPERA 进行传输决策时，会传输所有数据块，这显然会产生较大能耗，导致平均能耗超出约束值。当终端设备采用 ADAPT、ADAPT-R 或 ADAPT-P 时，可以通过灵活调整传输数据块数量来控制能耗。

图 3.8（c）显示，当能耗约束变弱时，费效比逐渐上升。GREEDY 的费效比明显高于其他 5 种算法，这再次体现了分布式在线调度算法的重要性。此外，我们发现 ADAPT-R 和 ADAPT-P 的费效比非常接近 DCUD，且明显高于 ADAPT。这一结果表明随机策略或重要性优先策略会浪费能量，用于传输重要性较低的数据块或冗余数据块。通过使用基于权重的随机策略，ADAPT 不仅能以更大的可能性传输高重要性权重的数据块，而且能避免浪费能量传输相同类型的数据块，从而有效地提高能耗效率。ADAPT 在能耗效率上，相比 ADAPT-R、ADAPT-P、DCUD、GREEDY、OPERA 分别提高了 20.60%、

17.35%、25.05%、53.11%、31.15%。

3.4.6　原型系统测试

以上一系列仿真实验验证了 ADAPT 的有效性和优越性。为了进一步检验 ADAPT 的实用性，我们开发了原型系统，并对 ADAPT 的负载进行了测试。

我们将 ADAPT 部署于一个 4×ARM Cortex-A53@2.3GHz+4×ARM Cortex-A53@1.81GHz 的 8 核 ARM 平台上。实验设置与仿真实验设置一致。终端设备连续进行 20 次传输决策。表 3.3 列出了连续 20 次传输决策的算法运行时间。

表 3.3　连续 20 次传输决策的算法运行时间

第#次传输决策/次	1～5	6～10	11～15	16～20
	296	336	302	304
	313	310	303	309
运行时间/ms	309	302	316	303
	308	314	313	306
	300	305	316	299
平均值/ms	308.2			

从表 3.3 可以看出 ADAPT 在 8 核 ARM 平台上的算法运行时间非常短。实际系统可以立即做出是否传输、传输哪些数据块的决策，计算时间负载几乎可以忽略不计。接着，我们研究运行算法的能耗负载。我们使用软件 CPU Temp V3.5 来监测 20 次传输决策运行过程中 CPU 的性能。图 3.9 显示了 20 次传输决策运行过程中 CPU 温度、CPU 使用率、CPU 速度。两条垂直虚线表示 20 次连续传输决策运行的开始和结束。

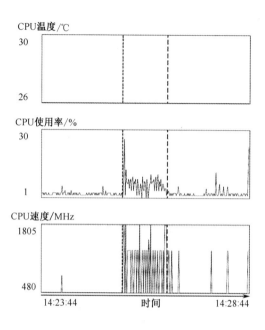

图 3.9　20 次传输决策运行过程中的 CPU 状态

图 3.9 中没有观测到 CPU 温度的明显上升，在 20 次传输决策运行过程中始终保持在 26℃，一个非常低的温度。这表明，运行 ADAPT 没有导致明显的 CPU 过热，而 CPU 过热正是高能耗的一个重要特征。运行 ADAPT 时，CPU 使用率低于 15%，这再一次表明 ADAPT 没有导致 ARM 平台过重的负担。最后，CPU 速度在 1306MHz 左右。根据 ARM Cortex-A53 的能耗分析[50]，当 CPU 速度为 1300MHz 时，CPU 功耗为 269mW。结合表 3.3 中列出的运行时间，运行一次 ADAPT 的能耗大约为 82.91mJ。假设仅传输一个 16MB 的数据块，在良好的信道状态下传输能耗也高达 1712mJ。考虑动态、恶劣的无线网络环境及大量数据传输，传输能耗将更大。运行 ADAPT 的能耗远远小于传输数据的能耗。在传输数据前运行 ADAPT 显然是非常值得的，盲目传输数据可能会在一个无用的数据块上浪费 20 多倍的能量。

3.5　本章小结

　　本章聚焦在存在冗余数据的情况下，对多台终端设备如何协同传输数据的问题开展研究。面对终端设备间无法实时交互信息、无线网络环境动态不可预测等困难的挑战，该问题迄今未被充分解决。本章将该问题建模为能耗约束的信息效用最大化问题，无线信道状态、各类数据重要性的差异、信息饱和等因素均被纳入考虑。为了解决该问题，本章提出了一种自适应的分布式优化方法，该方法由关联传输决策和在线分布式调度算法组成。各终端设备可独立地根据自有的可观测信息进行传输优化决策。通过严格的理论分析和精巧的算法设计，所提出的方法能在可接受的计算复杂度下任意接近最优值。通过大量仿真实验及实际原型系统测试表明，本章所提出方法具有显著的优越性，并在实际情况下可行、可部署。

　　在下一步工作中，将考虑终端设备能获得局部其他终端设备的状态和决策信息这一场景。此外，将研究跨过程传输问题，即一台终端设备需要超过一个传输过程才能传输一个完整数据块这一问题。这些问题显然更具挑战性。

第
4
章

基于深度神经网络
分割的云端协同
智能推理

深度学习理论与方法作为一种新兴技术，在近年来取得了跨越式的发展，拥有了远超传统模型的性能，成为推动人工智能发展的关键因素。为提高终端智能信息处理性能，采用深度学习方法进行数据分析、判断决策，成为终端智能信息处理的重要需求之一。然而，深度神经网络模型复杂、庞大，百万、千万级别的模型参数使得模型对计算能力的要求极高，在算力、续航力有限的终端设备上直接部署深度学习模型存在诸多困难。

为了实现终端设备上高效的深度学习模型计算，本章考虑在终端设备与云中心、微云/边缘设备数据链路连通的情况下，根据云端协同模式，将深度神经网络分为终端设备部分与云部分，在终端设备上预置简单的浅层神经网络，提取数据的低层级特征，而神经网络的大部分被部署在云中，执行复杂的、高能耗的推断任务及模型训练任务。为了消除终端设备外传数据时的数据安全与隐私隐患，在数据上传前添加精心设计的噪声到数据中，以满足差分隐私准则。此外，考虑噪声对后续推断的影响，本章将设计一种新颖的噪声训练方法来训练云中的神经网络，提高模型推断性能。

4.1　引言

4.1.1　问题分析

近年来人们见证了深度学习在各领域获得的令人印象深刻的成功[51-53]。深度学习展现出了从海量数据中提取高维特征的超凡能力。深度学习的巨大成功可部分归因于庞大的深度神经网络。例如，在图 4.1 中，2010 年到 2015 年 的 ImageNet 大规模视觉识别挑战赛（ImageNet Large Scale Visual Recognition Challenge，ILSVRC），深度神经网络不断下降的误判率伴随着爆发式增长的模型复杂度。这些先进的深度神经网络有成百万至上亿个参数，需要占用大量计算与存储资源。这种资源需求往往超出了终端设备有限的计算、存储能力。特别是，大型深度神经网络模型的大小超出了片上内存的存储空间，因此需要使用片外内存来存储模型，模型运行过程中会反复读取片外内存，消耗更多的能量[54,55]。此外，模型运行过程中大规模的浮点运算进一步加重了处理器的负担。运行一个深度学习模型可以轻易地占用整个系统的能耗并耗尽平台电量。迄今为止，在性能受限的终端设备上运行大规模深度学习应用仍然是非常困难的[56]。

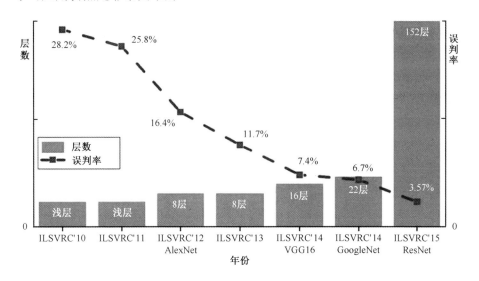

图 4.1　ILSVRC'10-15 深度神经网络的性能与模型大小

为了实现机载深度学习应用，学术界与工业界提出了两种方案：①压缩大型深度神经网络；②在终端设备与云中心之间分割深度神经网络。前者尝试对深度神经网络进行剪枝和加速，但存在性能折损[55]，并且无法控制能耗[57]。对于后者，深度神经网络的浅层部分被部署在终端设备上，大部分复杂的部分被卸载至云中心执行。首先，在本地对输入数据进行快速转化。转化后的数据被传输到云中心，以执行复杂、高能耗的推理任务。文献[58]的实验表明，当深度神经网络的大部分推理任务被卸载至云中心执行时，能耗可降低大约10%。除了资源与能耗方面的考量，在公开环境下，将大部分深度神经网络部署在后方云中心，可避免在终端设备被恶意用户使用时得到完整的模型，从而保护模型安全，避免恶意用户根据模型构建攻击样本[59]，攻击数据处理模型。基于云的解决方案在商业应用中对深度学习服务提供商同样具有吸引力。出于保护知识产权的考量，深度学习服务提供商往往不愿意将它们高度调优的复杂模型共享给大众，而将模型部署于云中心，可有效保护它们的知识产权不被盗用。

尽管基于云的方案有诸多优势，但将数据从终端设备传输至云中心时存在明显的数据隐私与安全隐患。一旦数据脱离终端设备，终端设备便无法控制对数据的使用，特别是在战场环境下，这些数据可能被敌方获取，以推测我方的重要信息。因此，在部署基于云的深度学习应用时，保护数据隐私、减少隐私与安全隐患是一个重要考量。然而，解决该问题存在一系列挑战。

（1）隐私与安全保证。尽管现有的文献宣称，将转化后的数据而非原始数据向外传输可提供有效的数据隐私与安全保护[60]，但事实上，传输转化后的数据仍然存在信息泄露的隐患[61]。因此，需要设计一种隐私保护机制，以提供严格、可证明的强保护。

（2）最小化额外负载。采用基于云的解决方案的目标是减轻终端设备的计算负担，并降低能耗。因此，如果在提供数据隐私与安全保护时产生过重的计算负担，便违背了采用该方案的初衷。例如，传统的加密算法在本章研究的场景下就不是一个可行的方案，因为加密算法需要大量复杂的计算，并保存多个秘钥，这可能引起过重能耗负载[62]。

（3）提升性能。为了保护数据隐私与安全，传输到云中心的数据通常是被转换和扰动过的，这显然会降低云中模型的推理性能，如分类准确度。需要设计一种有效的方法来减少性能退化，在保护数据安全与隐私的同时仍能获得一个较好的推理结果。

为解决上述挑战，我们通盘考虑数据隐私与模型性能，提出了一个基于深度神经网络分割的数据安全处理框架（ARDEN）。ARDEN 将一个深度神经网络划分为终端设备部分与云中心部分。在终端设备部分①，浅层的神经网络将转化原始数据，提取它们的低层级特征。本地的神经网络从一个预先训练的神经网络中提取，以此避免本地训练。根据迁移学习的思想[63]，这个浅层的本地神经网络可以视为一个普适各种推理任务的特征提取器。为了保护数据隐私与安全，我们在本地端引入差分隐私准则[64]，在数据上传至云中心之前将精心设计的噪声添加到数据中。神经网络的大部分被部署在云中心，执行复杂的、高能耗的推理任务。我们提出了一种噪声训练方法来增强云端模

---

① 本章中，终端设备、终端、本地这三个名词表示相同含义，将交替使用。

型对本地端数据中添加的噪声的健壮性，从而提升推理性能。本章的主要贡献总结如下。

（1）实现终端设备深度学习推理的框架。本章将数据隐私与安全、模型性能、算法负载综合考量其中，设计了一种在云-端之间分割部署深度神经网络的框架。所有高能耗任务，如模型训练、复杂推理，均被卸载至云中心执行。云中心的所有工作均对终端设备透明，该框架还支持模型在线升级，可保证智能信息处理服务始终在线。

（2）符合差分隐私准则的数据本地转换机制。为了保护终端设备向外传输数据的安全与隐私，基于差分隐私准则设计了一种新的机制来扰动本地端的数据转换。与现有扰动机制相比，本章所设计的机制能可定制地保护数据项，并适应神经网络的层级结构。从理论上分析了该机制的隐私保护预算（Privacy Budget），以提供可证明的数据安全与隐私保护。

（3）用于提升性能的噪声训练法。本章提出了一种噪声训练方法，该方法包含一个生成模型。在模型的训练集中加入精心设计的噪声样本，可以提高云端模型对扰动数据的健壮性。通过该方法，可以很大程度地缓解本地噪声对模型推理性能的影响。

（4）大规模实验验证与原型系统测试。在标准图像分类任务和一个实际移动应用上进行了大量实验，验证本章所提出的框架的有效性和优越性，并将 ARDEN 部署在一个实际原型系统上检验它的负载，验证 ARDEN 在降低平台能耗上的有效性。

本章余下部分组织如下：4.2 节给出了关于迁移学习的预备知识；4.3 节提出了所设计的框架，并从理论上严格分析该框架的隐私保护程度；4.4 节通过标准图像分类任务与一个实际移动应用检测本章所提方法的有效性，并通过实际系统部署测试本章所提方法与现有方法的能耗差异，验证本章所提方法的优越性；4.5 节总结了本章内容。

4.1.2　相关工作

（1）性能受限平台上的深度学习应用。尽管在性能受限的平台上，如手机等终端设备，运行深度学习应用是一件困难的事，但研究者发现这一尝试极具意义。Lane 等人[58]采用深度神经网络进行典型的移动感知任务。预先研究结果突出强调了开展在移动感知任务中采用深度学习技术相关研究的重要性。为了解决深度神经网络的高资源需求与性能受限终端设备的有限资源之间的矛盾，大量研究者开展了有益的研究。Han 等人[65]尝试通过一种三阶段方法来压缩深度神经网络，三阶段包括：剪枝、量子化与哈夫曼编码，该方法可显著降低深度神经网络对存储空间的要求。除模型压缩外，将高负载任务卸载至云中心执行是另一种实现机载深度学习的方法[66,67]。文献[60]设计了一种跨终端、边缘节点、云中心的三层框架来实现机载深度学习，该框架可综合快速的端上推理与复杂的云中心推理。然而，该工作并没有将数据安全与隐私问题纳入考虑。

（2）深度学习中的数据安全与隐私。深度学习天然需要大量用户数据来训练网络和推理结论，这引起了对用户数据安全与隐私可否保证的担忧。为了保护向云中心发送的数据的安全与隐私，Zhang 等人[68]采用 BGV 加密算法对敏感数据进行加密。Osia 等人[69]设计了一种混合深度学习架构，以实现终端与云中心之间满足隐私需求的模型推理。该框架中采用孪生网络（Siamese Nctworks）来隐藏部分信息，以抵御攻击方的推理攻击，本质上它提供了 k-匿名保护。Li 等人[70]提出了一种面向隐私的深度学习可变框架，在终端上传数据至云中心之前，原始数据经过本地网络的转换，本地网络结构包括网络层数、输出层的深度、选择的输出层单元子集等，是随机可变的，实现了对原始数据的保护。然而，该工作并没有给出严格的隐私与安全证明，难以充分保证数据的隐私与安全。此外，由于本地网络的随机变动，导致云端网络的性能有明显下降。为提供可证明的严格的隐私保护，差分隐私准则已被引入深度学习中。Shokri 等人[71]提出了一种面向隐私保护的分布式随机梯度下降算法，该方法实现了多个数据用户在数据隐私得到保护的前提下，合作训练一个模型。该方法采用稀疏向量技术提供差分隐私保护。Abadi 等人[72]设计了一种新的符合差分隐私准则的随机梯度下降算法，以降低隐私保护预算。然而，这些工作均在训练阶段而非推理阶段提供差分隐私保护，本章的工作致力于在推理阶段提供可证明的隐私与安全保护。

4.2　预备知识

本节将简要介绍与后续研究密切相关的预备知识，如深度神经网络、迁移学习与差分隐私准则等。

4.2.1　深度神经网络

深度神经网络通过由仿射变换、激活函数等基本层构成的多层前馈网络将输入数据转换为要求的输出结果。将多个基本层垒叠在一起的目的是从输入数据中逐层抽取复杂的特征，直至得到重要的、可分辨的高维特征。图 4.2 给出了一个包含 2 个潜层的神经网络。网络中的每个节点代表一个神经元，它接收来自前一层神经元的加权和。第 k 层的输出向量是 $\boldsymbol{h}_k = f(\boldsymbol{W}_k \boldsymbol{h}_{k-1} + \boldsymbol{b}_k)$，其中，$f$ 是激活函数，如 sigmoid、tanh、ReLU 等；$\boldsymbol{W}_k$ 是权重矩阵；$\boldsymbol{b}_k$ 是偏置。激活函数事先给定，$\boldsymbol{W}_k$ 和 $\boldsymbol{b}_k$ 是训练过程中学习的可调参数。

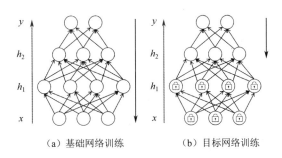

（a）基础网络训练　　　　（b）目标网络训练

图 4.2　深度神经网络和迁移学习

深度神经网络训练的主要工作是从大量训练数据中自动学习可以最小化网络损失函数的可调参数，通常由随机梯度下降（Stochastic Gradient Descent，SGD）算法及其变体[73,74]实现。每次迭代中，SGD 算法首先通过前馈过程计

算损失函数，随机给定一批训练样本 $\boldsymbol{x}_N = \{x_1, x_2, \cdots, x_{|N|}\}$，前馈过程计算网络的输出结果，接着计算每个训练样本的前馈输出结果与真实标签之间的差别，即损失函数 $\mathcal{L}(\boldsymbol{\omega}; x_i)$，其中，$\boldsymbol{\omega}$ 是网络的可调参数。然后，反向传播过程计算 $\mathcal{L}(\boldsymbol{\omega}; x_i)$ 关于 $\boldsymbol{\omega}$ 中 每个参数的偏导数，并在该批次上取平均值，$g_j = \frac{1}{|N|} \sum_i \nabla_{\omega_j} \mathcal{L}(\boldsymbol{\omega}; x_i)$。最后，$\omega_j$ 中的每个参数按如下规则更新：

$$\omega'_j = \omega_j - \alpha g_j \tag{4.1}$$

式中，α 是学习率。对所有训练样本的一次完整轮询为一次迭代。

4.2.2　迁移学习

迁移学习是机器学习中为解决训练数据不足的一种重要工具，它尝试将源域的知识迁移到目标域中，从而降低在训练数据不足的情况下，目标域模型训练的难度[75]。在深度迁移学习中，首先训练一个基础神经网络，接着重利用基础神经网络中学得的特征，并将它们转移到目标神经网络中，在重利用的特征是一般化特征的条件下，知识迁移有效[63]。

神经网络由浅层部分到顶层部分逐渐抽取输入数据的高阶抽象特征。因此，浅层神经网络所输出的中间特征通常对不同任务和数据集具有普适性，而非专门针对特定的任务和数据集[63]。可以将一个训练好的深度神经网络的浅层部分视为一个可迁移到其他任务和数据集上的特征提取器。如图 4.2 所示，首先训练一个基础网络，随后将训练好的基础网络的浅层部分复制给目标网络，在目标网络训练过程中，将浅层部分冻结保持不变，在目标任务与数据集上训练目标网络的剩余部分。

4.2.3　差分隐私准则

差分隐私准则是关于隐私保护数据分析的概念，旨在对敏感数据进行分析时提供可证明的隐私保护，它被越来越多地用作严格隐私分析的标准概念[76]。

当算法输出一个给定结果的概率不太受某一个数据项是否在输入数据中影响时，该算法满足差分隐私准则[64]。形式化地，ε-差分隐私准则的定义如下。

定义 4.1：随机机制 $\mathcal{A}$ 满足 ε-差分隐私准则，当且仅当对于任意近邻数据 d 和 d'，以及 $\mathcal{A}$ 的任意输出 S，有

$$\Pr[\mathcal{A}(d) = S] \leq \mathrm{e}^{\varepsilon} \cdot \Pr[\mathcal{A}(d') = S] \tag{4.2}$$

所谓近邻数据 d 和 d' 是指这两个数据仅有一个数据项不同。近邻数据是一个与应用有关的概念，如将一个句子中每 5 个单词划分为一个数据项，当两个句子仅有一个数据项不同时，这两个句子即是近邻数据。参数 ε 是隐私保护预算[77]，控制随机机制 $\mathcal{A}$ 的隐私保护程度，ε 值越小，表示隐私保护越严格。根据定义 4.1，满足差分隐私准则的算法可以在不泄露任何数据项信息的前提下，提供关于数据的特征。

使确定性函数 f 满足 ε-差分隐私准则的一种常用方法是添加与 f 的全局敏感度 Δf 相关的噪声，Δf 是指 $\|f(d) - f(d')\|$ 在任意一对 d 和 d' 上的最大值。例如，使用拉普拉斯机制（Laplacian Mechanism）。

定理 4.1：给定确定性函数 f，f 的全局敏感度 Δf，定义随机机制 $\mathcal{A}_f(d)$ 为

$$\mathcal{A}_f(d) = f(d) + \mathrm{Lap}\left(\frac{\Delta f}{\varepsilon}\right) \tag{4.3}$$

式中，$\mathrm{Lap}\left(\dfrac{\Delta f}{\varepsilon}\right)$ 是符合标准差为 $\dfrac{\Delta f}{\varepsilon}$ 的拉普拉斯分布的随机变量。那么，$\mathcal{A}_f(d)$ 满足 ε-差分隐私准则。

在严格差分隐私准则的基础上，研究者又给出了更为实用的近似差分隐私准则[77]。

定义 4.2：随机机制 $\mathcal{A}$ 满足 (ε, δ)-差分隐私准则，当且仅当对于任意近邻数据 d 和 d'，以及 $\mathcal{A}$ 的任意输出 S，有

$$\Pr[\mathcal{A}(d) = S] \leq \mathrm{e}^{\varepsilon} \cdot \Pr[\mathcal{A}(d') = S] + \delta \tag{4.4}$$

当 $\delta = 0$ 时，定义 4.2 即为严格的 ε-差分隐私准则。当 $\delta > 0$ 时，定义 4.2 允许以一定的小概率 δ 违反严格的 ε-差分隐私准则，因此 (ε, δ)-差分隐私准则又称为近似的差分隐私准则。

为了使确定性函数 f 满足 (ε, δ)-差分隐私准则，常用方法同样是添加与

Δf 相关的噪声。例如，使用高斯机制（Gaussian Mechanism）。

定理 4.2：给定确定性函数 f，f 的 L_2 范数全局敏感度 $\Delta_2 f$，定义随机机制 $\mathcal{A}_f(d)$ 为

$$\mathcal{A}_f(d) = f(d) + \mathcal{N}(0, \Delta_2 f^2 \sigma^2) \qquad (4.5)$$

式中，$\mathcal{N}(0, \Delta_2 f^2 \sigma^2)$ 是符合均值为 0、标准差为 $\Delta_2 f \sigma$ 的高斯分布的随机变量。当 $\sigma \geqslant \sqrt{2\ln(1.25/\delta)}/\varepsilon$ 时，$\mathcal{A}_f(d)$ 满足 (ε, δ)-差分隐私准则。

差分隐私准则有一个非常好的性质，即对后处理免疫[78]。采用任何算法对满足差分隐私准则的输出结果进行后续处理，都不能影响该结果对隐私的保护程度。这表示，当满足差分隐私准则的机制保护了敏感数据项的隐私后，采用任何先进的算法都不能再增加隐私的泄露程度。

4.3　云端协同智能推理框架

本节将介绍面向安全与隐私的云端协同深度学习框架（ARDEN）。我们将首先给出 ARDEN 的框架概览，然后详细介绍 ARDEN 中的各项关键技术，并给出 ARDEN 关于数据安全与隐私的严格理论证明。

4.3.1　框架概览

图 4.3 给出了 ARDEN 框架概览。ARDEN 采用云-端协同模式，将深度神经网络分为本地部分与云中心部分。本地部分抽取自一个预先训练好的基础网络的浅层部分，其结构与参数保持不变。云中心部分在训练阶段针对目标任务与数据集进行精调。整个训练阶段与推理阶段均在云中心执行，本地平台仅执行简单、轻量级的特征提取与扰动。

1. 推理阶段

敏感数据经本地网络转换，以提取普适的中间层特征。为保护数据隐私，

这个转换过程受数据项置空与随机噪声的扰动，这些扰动满足差分隐私准则。接着，将被扰动的中间层特征传输至云中心，进一步执行复杂的模型推理。由于传往云中心的是原始数据的抽象表征，其大小通常小于原始数据，所以相比传输原始数据，本地转换能减少传输数据的通信开销，这非常适合终端设备所处的动态无线网络环境。

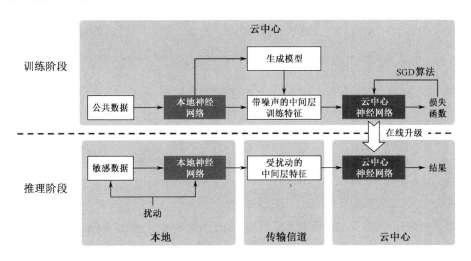

图 4.3　ARDEN 框架概览

2. 训练阶段

采用与敏感数据同类型的公共数据训练云中心网络。这种公共数据集是常见的，如针对图像识别任务的 ImageNet 数据集[79]。为了增加云中心网络对噪声的健壮性，我们设计了一种噪声训练方法，该方法将原始训练集与生成的噪声训练集一同输入网络进行训练。噪声训练方法的核心是生成模型，该模型基于公共数据集生成精心设计的噪声样本。此外，值得注意的是，一旦云中心有了一个初始网络，训练阶段与推理阶段就可以同步并行执行了。受益于迁移学习的思想，针对不同的任务与数据集，可以保持本地网络不变，而仅训练云中心部分网络。这实现了在云中心不中断向终端用户提供服务的条件下，在线升级云中心网络。这种透明特性一方面保持了持续不断的云中心服务，另一方面在公开环境下保护了云中心网络的安全，避免云中心网络被恶意用户获得。

表 4.1 列出了本章后续使用的主要数学符号的定义。

表 4.1　数学符号定义

数学符号	定　　义
x_p	公共数据
x_s	敏感数据
x_g	生成训练样本
$\tilde{x}_r$	受扰动的中间层特征
$\mathcal{M}$	本地神经网络
$\mathcal{C}$	云中心神经网络

4.3.2　端侧数据转换

为保护数据安全与隐私，防止本地端的数据转换受到随机扰动，可以使用 ARDEN 中的一项关键技术，即如何添加满足差分隐私准则的扰动，并测度这种扰动的隐私保护预算。

将本地网络视为输入数据 x_s 的确定性函数 $x_r = \mathcal{M}(x_s)$。一种简单的满足 ε-差分隐私的方法是添加符合标准差为 $\Delta\mathcal{M}/\varepsilon$ 的拉普拉斯分布的随机噪声到中间层特征 x_r，即本地网络的输出中。然而，这样的方法难以测算它的全局敏感度。一个过大的保守的估计值会导致在输出中加入过多噪声，破坏中间层特征在后续推理中的效用。此外，这种直接的方法无法满足用户个性化隐私需求，如隐藏特定的高度敏感的数据项。所以，我们设计了一种包括置空与逐层扰动的机制，并定量分析了该机制的隐私保护预算。

算法 4.1 给出了满足差分隐私准则的本地数据转换。对每个敏感数据 x_s，首先通过置空操作掩盖部分数据项。接着，该数据被输入本地网络提取特征。在一个特定的噪声注入层 l，对于 $\mathcal{M}_l$（本地端从输入层到第 l 层的神经网络）的输出结果，首先，将它的无穷范数约束在阈值 B 内；然后注入噪声，从而保护数据隐私；最后，$\overline{\mathcal{M}_l}$（本地端第 l 层之后的神经网络）产生受扰动的中间层特征 $\tilde{x}_r$，并将该特征传输至云中心进行后续推理。下面我们将具体讨论算法 4.1 中的各项操作，并分析其隐私保护预算。

算法 4.1　本地数据转换

已知: 敏感数据 $\boldsymbol{x}_s$; 本地网络 $\mathcal{M}(\cdot) = \overline{\mathcal{M}_l}(\mathcal{M}_l(\cdot))$.

　　置空矩阵 $\boldsymbol{I}_n$; 噪声尺度 σ; 约束阈值 B; 噪声注入层 l.

1: $\boldsymbol{x}_s' \leftarrow \boldsymbol{x}_s \odot \boldsymbol{I}_n$;

2: $\boldsymbol{x}_l \leftarrow \mathcal{M}_l(\boldsymbol{x}_s')$;

3: $\boldsymbol{x}_l' \leftarrow \boldsymbol{x}_l / \max\left(1, \dfrac{\|\boldsymbol{x}_l\|_\infty}{B}\right)$;

4: $\tilde{\boldsymbol{x}}_l' \leftarrow \boldsymbol{x}_l' + \mathrm{Lap}(B/\sigma\boldsymbol{I})$;

5: $\tilde{\boldsymbol{x}}_r \leftarrow \overline{\mathcal{M}_l}(\tilde{\boldsymbol{x}}_l')$;

6: **return** $\tilde{\boldsymbol{x}}_r$

---

1. 置空操作

给定一个包含 N 个数据项的敏感输入数据 $\boldsymbol{x}_s$, 置空操作将 $\boldsymbol{x}_s$ 与置空矩阵 $\boldsymbol{I}_n$ 的对应项逐项相乘, 其中, $\boldsymbol{I}_n$ 是一个由 0、1 构成的, 维度与 $\boldsymbol{x}_s$ 相同的矩阵。$\boldsymbol{I}_n$ 既可以由用户根据需要指定, 从而掩盖高度敏感的数据项, 也可以随机生成。$\boldsymbol{I}_n$ 中 0 的个数为 $\lceil N \cdot \mu \rceil$, 其中, $\lceil \cdot \rceil$ 是上取整函数, μ 是置空率。在随机生成的 $\boldsymbol{I}_n$ 中, 0 的位置均匀分布。显然, μ 的取值越高, 对推理性能的影响越大, 这将在 4.4 节中得到验证。

2. 范数约束

估计神经网络的全局敏感度是一件非常困难的工作。因此, 对于每个敏感输入数据 $\boldsymbol{x}_s$, 我们将噪声注入层 l 的输出结果的无穷范数约束在一定阈值内, 来估计该输出结果的全局敏感度。具体来说, 第 l 层的输出结果 $\boldsymbol{x}_l$ 被约束为 $\boldsymbol{x}_l / \max\left(1, \dfrac{\|\boldsymbol{x}_l\|_\infty}{B}\right)$。当 $\|\boldsymbol{x}_l\|_\infty \leqslant B$ 时, $\boldsymbol{x}_l$ 保持不变。当 $\|\boldsymbol{x}_l\|_\infty > B$ 时, $\boldsymbol{x}_l$ 被约束到 B。由此, 全局灵敏度为 $2B$。该约束阈值 B 的取值与输入数据无关, 因此它不会泄露隐私信息。在实际应用中, B 的取值可设置为训练过程中原始输出的无穷范数的中值。

我们在范数约束后的第 l 层输出 $\boldsymbol{x}_l'$ 中加入符合拉普拉斯分布的噪声。与现有工作直接在结果中加入噪声不同, 算法 4.1 在数据转换过程中加入噪声, 这种扰动方法更加灵活, 也更加适合神经网络的层级结构。下面将从理论上定量分析算法 4.1 的隐私保护预算。

定理 4.3： 给定敏感数据 x_s 和本地神经网络 $\mathcal{M}$，算法 4.1 满足 ε-差分隐私准则，则有

$$\varepsilon = \ln[(1-\mu)e^{2\sigma/\Lambda} + \mu] \tag{4.6}$$

式中，$\Lambda = \| \nabla_{x_l'} \overline{\mathcal{M}_l} \|_\infty$。

在证明定理 4.3 之前，首先证明下述两个定理。

定理 4.4： 给定输入 x 和确定性函数 f，$|f(x)| \leqslant B$，对 $\forall a \in \mathbb{R}^+$，随机机制 $\mathcal{A}(x) = f(x) + a\mathrm{Lap}(B/\sigma)$ 满足 $\left(\dfrac{2\sigma}{a}\right)$-差分隐私准则。

证明： 对任意近邻输入数据 x 和 x'，有

$$\frac{\Pr[f(x) + a\mathrm{Lap}(B/\sigma) = S]}{\Pr[f(x') + a\mathrm{Lap}(B/\sigma) = S]} = \frac{e^{\frac{|S-f(x)|\sigma}{aB}}}{e^{\frac{|S-f(x')|\sigma}{aB}}} = e^{\frac{\sigma}{aB}(|S-f(x')|-|S-f(x)|)} \leqslant e^{\frac{\sigma}{aB}|f(x)-f(x')|} \leqslant e^{\frac{2\sigma}{a}}$$

根据定义 4.1，可知 $\varepsilon = \dfrac{2\sigma}{a}$。

定理 4.5： 给定输入 x，假设 $\mathcal{A}(x)$ 满足 ε-差分隐私准则，若用 I_n 对 x 进行逐项置空，I_n 的置空率为 μ，$x' = x \odot I_n$，那么 $\mathcal{A}(x')$ 满足 ε'-差分隐私准则，即

$$\varepsilon' = \ln[(1-\mu)e^{\varepsilon} + \mu]$$

证明： 假定两个近邻数据 x_1 与 x_2 仅在一个数据项 i 上不同，令 $x_1 = x_2 \bigcup i$。对任意置空矩阵 I_n，在置空操作后，$x_1' = x_1 \odot I_n$，$x_2' = x_2 \odot I_n$，存在两种可能，即 $i \notin x_1'$ 和 $i \in x_1'$。

情况一： $i \notin x_1'$。x_1 与 x_2 仅在数据项 i 上不同，那么 $x_1 \odot I_n = x_2 \odot I_n$。由此，可得

$$\Pr[\mathcal{A}(x_1 \odot I_n) = S] = \Pr[\mathcal{A}(x_2 \odot I_n) = S]$$

情况二： $i \in x_1'$。x_1 与 x_2 仅在数据项 i 上不同，那么在置空操作后，x_1' 与 x_2' 仍然是在数据项 i 上不同的近邻数据。因为 $\mathcal{A}(x)$ 满足 ε-差分隐私准则，可得

$$\Pr[\mathcal{A}(x_1 \odot I_n) = S] \leqslant e^{\varepsilon}\Pr[\mathcal{A}(x_2 \odot I_n) = S]$$

结合上述两种情况，根据 $\Pr[i \notin x_1'] = \mu$，可得

$$\Pr[\mathcal{A}(x_1 \odot I_n) = S]$$
$$= \mu\Pr[\mathcal{A}(x_1 \odot I_n) = S] + (1-\mu)\Pr[\mathcal{A}(x_1 \odot I_n) = S]$$
$$\leqslant \mu\Pr[\mathcal{A}(x_2 \odot I_n) = S] + (1-\mu)e^{\varepsilon}\Pr[\mathcal{A}(x_2 \odot I_n) = S]$$
$$= [(1-\mu)e^{\varepsilon} + \mu]\Pr[\mathcal{A}(x_2 \odot I_n) = S]$$
$$= e^{\ln[(1-\mu)e^{\varepsilon} + \mu]}\Pr[\mathcal{A}(x_2 \odot I_n) = S]$$

根据定义 4.1，可得 $\varepsilon' = \ln[(1-\mu)\mathrm{e}^\varepsilon + \mu]$。

下面，我们给出定理 4.3 的证明。

证明：首先，我们分析不存在置空操作的本地转换。将本地第 l 层输出结果 $\mathcal{M}_l$ 被范数约束后记为 $\mathcal{M}_l'$，那么由算法 4.1 给出的本地转换 $\mathcal{A}$ 可定义为

$$\mathcal{A}(\boldsymbol{x}_s) = \overline{\mathcal{M}_l}(\mathcal{M}_l'(\boldsymbol{x}_s) + \mathrm{Lap}(B/\sigma\boldsymbol{I})) = \overline{\mathcal{M}_l}(\boldsymbol{x}_l' + \mathrm{Lap}(B/\sigma\boldsymbol{I})) \quad (4.7)$$

因为 $\mathrm{Lap}(B/\sigma\boldsymbol{I})$ 远小于 $\boldsymbol{x}_l'$（否则该中间层特征就因扰动而无效了），可通过一阶泰勒（Taylor）多项式展开对式（4.7）进行近似，可得

$$\begin{aligned}
&\overline{\mathcal{M}_l}(\boldsymbol{x}_l' + \mathrm{Lap}(B/\sigma\boldsymbol{I})) \\
&\approx \overline{\mathcal{M}_l}(\boldsymbol{x}_l') + (\nabla_{\boldsymbol{x}_l} \overline{\mathcal{M}_l})^{\mathrm{T}} \mathrm{Lap}(B/\sigma\boldsymbol{I}) \\
&= \mathcal{M}(\boldsymbol{x}_s) + (\nabla_{\boldsymbol{x}_l} \overline{\mathcal{M}_l})^{\mathrm{T}} \mathrm{Lap}(B/\sigma\boldsymbol{I})
\end{aligned} \quad (4.8)$$

根据定理 4.4，式（4.8）满足 $(2\sigma/\Lambda)$-差分隐私准则，其中 $\Lambda = \|\nabla_{\boldsymbol{x}_l} \overline{\mathcal{M}_l}\|_\infty$。

下面，考虑置空操作，完整的本地转换为 $\mathcal{A}(\boldsymbol{x}_s \odot \boldsymbol{I}_n)$。根据定理 4.5，可得

$$\varepsilon = \ln[(1-\mu)\mathrm{e}^{2\sigma/\Lambda} + \mu]$$

从而得证。

可发现拉普拉斯机制是定理 4.3 的一种特殊形式。如果不进行置空操作，直接在本地网络的最后输出结果上加噪声，那么 $\mu = 0$，$\overline{\mathcal{M}_l}(\boldsymbol{x}) = \boldsymbol{x}$，从而 $\nabla_{\boldsymbol{x}_l} \overline{\mathcal{M}_l} = 1$。因此，$\varepsilon = 2\sigma$，符合拉普拉斯机制。

4.3.3　云侧噪声训练

满足差分隐私准则的本地转换给敏感数据提供了可证明的严格的隐私保证，但对本地的数据转换进行扰动会影响云中心网络后续推理的性能。在传统训练方法下，仅考虑最小化训练数据集上的损失函数，通过该方法训练得到的云中心网络缺乏对本地端传来的带噪声中间层特征的健壮性。为了降低扰动给云中心推理带来的性能影响，我们设计了 ARDEN 中的另一个关键技术——噪声训练方法，以此来增强云中心神经网络的健壮性。

神经网络对带噪声特征缺乏健壮性的一个解释是，这些带噪声的特征是通过传统方法训练得到的神经网络的盲点。可以通过在同时包含噪声特征和

纯净特征的训练集上训练神经网络，来增强神经网络的健壮性。由此，新的训练损失函数为

$$\mathcal{L}(\omega; x_r, \tilde{x}_r) = \lambda \mathcal{L}(\omega; x_r) + (1-\lambda) \mathcal{L}(\omega; \tilde{x}_r)$$
$$\tilde{x}_r = x_r + \mathrm{Lap}(B/\sigma I) \tag{4.9}$$

与仅在纯净特征上计算损失函数不同，式（4.9）结合了纯净特征和噪声特征的损失函数，并用 λ 来控制二者之间的均衡。那么，云中心神经网络对噪声特征的健壮性可以得到增强。

然而，在本地转换过程中，没有任何一方（除本地端自身）知道随机扰动是如何施加的。此外，由于随机性的存在，用所有可能的噪声特征训练云中心网络显然是不可能的。一个与训练过的噪声特征稍有偏离的特征仍可能是云中心网络的盲点。为了解决该问题，进一步提高神经网络的健壮性，我们在最差的情况下训练网络。这个过程可视为一个最小化-最大化问题。我们在噪声特征中加入扰动 r 来使云中心网络的结果与原有结果偏离最大，即最大化损失函数 $\mathcal{L}(\omega; \tilde{x}_r + r)$，同时在训练过程中，尝试通过训练最小化这个偏离，即

$$\min_{r} \max_{r: \|r\|_2 \le \eta} \mathcal{L}(\omega; \tilde{x}_r + r) \tag{4.10}$$

式中，η 控制噪声尺度。

在噪声训练过程中，首先确定能最大化推理结果偏离的最恶劣扰动，接着通过式（4.10）来训练神经网络，使其对这种最恶劣扰动更加健壮。通常情况下，计算可最大化 $\mathcal{L}(\omega; \tilde{x}_r + r)$ 的准确 r 值是非常困难的，特别对诸如深度神经网络等复杂模型。为了解决该问题，我们采用一阶泰勒多项式展开来近似 $\mathcal{L}(\omega; \tilde{x}_r + r)$：

$$\mathcal{L}(\omega; \tilde{x}_r + r) \approx \mathcal{L}(\omega; \tilde{x}_r) + \nabla_{\tilde{x}_r} \mathcal{L}(\omega; \tilde{x}_r) r \tag{4.11}$$

对噪声特征的扰动引起结果偏离增加了 $\nabla_{\tilde{x}_r} \mathcal{L}(\omega; \tilde{x}_r) r$。可以将受 L_2 范数约束的扰动 r 加到 $\mathcal{L}(\omega; \tilde{x}_r)$ 关于 $\tilde{x}_r$ 的梯度方向上，来最大化结果偏离的增加量，即

$$r = \eta \frac{g}{\|g\|_2}$$
$$g = \nabla_{\tilde{x}_r} \mathcal{L}(\omega; \tilde{x}_r) \tag{4.12}$$

梯度 g 可以通过反向传播算法[80]计算得到。由此，定义训练损失函数为

$$\mathcal{L}(\boldsymbol{\omega}; \boldsymbol{x}_r, \tilde{\boldsymbol{x}}_r) = \lambda \mathcal{L}(\boldsymbol{\omega}; \boldsymbol{x}_r) + (1-\lambda)[\mathcal{L}(\boldsymbol{\omega}; \tilde{\boldsymbol{x}}_r) + \mathcal{L}(\boldsymbol{\omega}; \tilde{\boldsymbol{x}}_r + \boldsymbol{r})] \qquad (4.13)$$

算法 4.2 给出了云中心网络的噪声训练过程。噪声训练方法根据随机梯度下降算法改进得到。与传统的 SGD 不同，噪声训练综合最小化纯净特征上的损失函数 $\mathcal{L}_1$、噪声特征上的损失函数 $\mathcal{L}_2$、受扰动的噪声特征上的损失函数 $\mathcal{L}_3$。在每个批量中，算法 4.2 首先计算纯净特征上的损失函数。接着，生成噪声特征，将它输入神经网络后得到噪声特征上的损失函数。为了增强对随机噪声的健壮性，算法 4.2 计算 $\mathcal{L}_2$ 关于噪声特征的梯度，并生成关于噪声特征的最恶劣扰动。最后，反向传播过程计算上述三者联合的损失函数关于 $\boldsymbol{\omega}$ 中各参数的偏导数。参数 $\boldsymbol{\omega}$ 在每个批量中按均值更新。

算法 4.2　各批量中的噪声训练

已知: 纯净特征 $\boldsymbol{x}_r$，云中心神经网络 $\mathcal{C}(\boldsymbol{\omega})$.

批量大小 N; 噪声尺度 σ; 约束阈值 B; 控制变量 λ 和 η; 学习率 α.

1:　$\boldsymbol{d} \leftarrow 0$;

2:　**for** $\boldsymbol{x}_r^{(i)}$ **in** $\left\{\boldsymbol{x}_r^{(1)}, \boldsymbol{x}_r^{(2)}, \cdots, \boldsymbol{x}_r^{(N)}\right\}$ **do**

3:　　　　$\mathcal{L}_1 \leftarrow \text{Loss}(\boldsymbol{y}_{\text{true}}^{(i)}; \mathcal{C}(\boldsymbol{\omega}; \boldsymbol{x}_r^{(i)}))$;

4:　　　　$\tilde{\boldsymbol{x}}_r^{(i)} \leftarrow \boldsymbol{x}_r + \text{Lap}(B \mid \sigma \boldsymbol{I})$;

5:　　　　$\mathcal{L}_2 \leftarrow \text{Loss}(\boldsymbol{y}_{\text{true}}^{(i)}; \mathcal{C}(\boldsymbol{\omega}; \tilde{\boldsymbol{x}}_r^{(i)}))$;

6:　　　　$\boldsymbol{g} \leftarrow \nabla_{\tilde{\boldsymbol{x}}_r}^{(i)} \mathcal{L}_2$;

7:　　　　$\boldsymbol{r} \leftarrow \eta \dfrac{\boldsymbol{g}}{\|\boldsymbol{g}\|_2}$;

8:　　　　$\mathcal{L}_3 \leftarrow \text{Loss}(\boldsymbol{y}_{\text{true}}^{(i)}; \mathcal{C}(\boldsymbol{\omega}; \tilde{\boldsymbol{x}}_r^{(i)} + \boldsymbol{r}))$;

9:　　　　$\mathcal{L} \leftarrow \lambda \mathcal{L}_1 + (1-\lambda)(\mathcal{L}_2 + \mathcal{L}_3)$;

10:　　　　$\boldsymbol{d} \leftarrow \boldsymbol{d} + \nabla_{\boldsymbol{\omega}} \mathcal{L}$;

11:　**end for**

12:　$\boldsymbol{\omega} \leftarrow \boldsymbol{\omega} - \alpha \dfrac{\boldsymbol{d}}{N}$;

4.4 实验评估

本节将用图像分类任务和一个实际手机应用作为实验样例来检验 ARDEN 的有效性。我们首先在两个图像基准数据集 MNIST[81]和 SVHN[82]上测试不同参数对性能的影响，接着在 CIFAR-10[83]和上述两个数据集上验证 ARDEN 带来的性能提升。MNIST 数据集包含 70000 张 28 像素×28 像素的手写（0~9）数字图像，其中，60000 张为训练集，其余为测试集。SVHN 和 CIFAR-10 均为 32 像素×32 像素×3 像素的 RGB 图像。SVHN 是由 Google 地图中门牌号实景及与其对应的（0~9）的标签构成的数据集，训练集与测试集大小分别为 73257 张和 26032 张。CIFAR-10 为一个 8000 万张小图像数据集的子集，共有 60000 张图像，分属 10 个分类，其中，50000 张为训练样本，10000 张为测试样本。此外，为了检验 ARDEN 在实际应用中的效果，我们使用一个手机应用 BiAffect（可在官网下载）来测试 ARDEN 在不同隐私保护预算下的性能，BiAffect 通过采集用户使用手机时的键盘输入特征和手机摇摆加速度来分析用户的心理状态。在为期 8 周的数据收集阶段，征召 40 名志愿者在日常生活中使用配发的定制手机。该定制手机包含一个键盘信息采集器，它一直保持后台运行，不断采集手机使用过程中产生的以下三类数据。

（1）字母字符输入（ALPH.）。采集键盘输入字符信息时的信息，包括敲击键盘时长、距上次敲击键盘的时间间隔、两次敲击键盘位置之间的距离。

（2）特殊字符输入（SPEC.）。采用独热码（One-Hot Encoding）记录特殊字符输入信息，包括自动校正、退格、空格、切换等。

（3）加速度值（ACCEL.）。在后台，采用手机加速度计每 60ms 记录一次手机的加速度值。

对于图像分类任务，ARDEN 框架中实现三种常用的卷积深度神经网络[84,85]：Conv-Small、Conv-Middle 与 Conv-Large，其结构如表 4.2 所示。所有卷积层和全连接层后均紧跟一个批标准化[86]，lReLU[87]的斜率为 0.1。使用数据集 CIFAR-100[83]预训练 Conv-Small 网络，本地网络取自预训练好的 Conv-Small 网络的头部三层。对于数据集 MNIST 和 SVHN，采用 Conv-Middle 作为云中心网络。在性能比较部分，针对 CIFAR-10 数据集，采用 Conv-Large 网络。对于不同的数据集和云中心网络，始终保持本地网络不变，以此来检验迁移学习的功效，以及 ARDEN 框架对终端用户的透明性。

表 4.2　三种卷积深度神经网络结构

Conv-Small	Conv-Middle	Conv-Large
输入图像		
3×3 conv. 64 lReLU	3×3 conv. 96 lReLU	3×3 conv. 128 lReLU
3×3 conv. 64 lReLU	3×3 conv. 96 lReLU	3×3 conv. 128 lReLU
3×3 conv. 64 lReLU	3×3 conv. 96 lReLU	3×3 conv. 128 lReLU
2×2 max-pool, stride 2		
dropout, p=0.5		
3×3 conv. 128 lReLU	3×3 conv. 192 lReLU	3×3 conv. 256 lReLU
3×3 conv. 128 lReLU	3×3 conv. 192 lReLU	3×3 conv. 256 lReLU
3×3 conv. 128 lReLU	3×3 conv. 192 lReLU	3×3 conv. 256 lReLU
2×2 max-pool, stride 2		
dropout, p=0.5		
3×3 conv. 128 lReLU	3×3 conv. 192 lReLU	3×3 conv. 512 lReLU
1×1 conv. 128 lReLU	1×1 conv. 192 lReLU	1×1 conv. 256 lReLU
1×1 conv. 128 lReLU	1×1 conv. 192 lReLU	1×1 conv. 128 lReLU
global average pool, 6×6→1×1		
dense 128→10	dense 192→10	dense 128→10
10-way softmax		

对于 BiAffect 任务，我们采用文献[52]中给出的单视图深度神经网络 DeepMood 作为云中心网络，该网络依次由 GRU 层、Dropout、全连接层构成。我们在该网络头部添加一层全连接层，然后用 SPEC.数据集预训练整个网络，最后选取新添加的头部全连接层作为本地网络。ALPH.和 ACCEL.数据

集用来测试 ARDEN 的性能。

我们采用 TensorFlow[88]实现本章所提模型。对于图像分类任务，学习率与批大小分别设置为 0.0015 和 128。在 MNIST、SVHN、CIFAR-10 数据集上，训练的迭代次数分别为 35 次、45 次、70 次。对于 BiAffect 任务，学习率、批大小和迭代次数分别为 0.001 次、256 次和 100 次。考虑扰动的随机性，每组实验独立重复运行 10 次，对性能指标取平均值。

假设云中心与终端设备之间事先关于隐私扰动强度达成一致。用 (b, μ) 表示隐私扰动强度，其中，b 是拉普拉斯分布的标准差，μ 是置空率。在后续实验中，MNIST、SVHN、CIFAR-10、BiAffect（包括 ALPH.和 ACCEL.）的扰动强度分别设定为 (5, 10%)、(2, 5%)、(2, 5%)、(0.5, 10%)。根据定理 4.3，当噪声加在本地网络的最后一层时，MNIST、SVHN、CIFAR-10、ALPH.和 ACCEL.对应的隐私保护预算分别为 0.7、3.7、3.5、7.8 和 9.8。

4.4.1 参数选择

λ 和 η 是噪声训练中两个重要的参数。λ 控制着纯净特征与噪声特征对应的损失函数之间的均衡，而 η 在生成噪声特征时控制噪声强度。图 4.4 显示了在数据集 MNIST 与 SVHN 上，当 λ 和 η 发生变化时，模型推理性能的变化情况。可以发现，当 η 非常小时，通过噪声训练得到的模型对扰动的健壮性有限，模型推理性能较低。然而，当 η 过大时，受扰动的噪声特征上的损失函数 $\mathcal{L}_3$ 会显著超过其他损失函数，导致模型在训练过程中专注于对抗扰动的随机性，而非将样本正确分类，这也使模型的分类准确度下降。由于 λ 取值较小意味着 $\mathcal{L}_3$ 在最终损失函数中占比更大，所以较小的 λ 会进一步使模型在训练过程中忽视分类准确度，模型推理性能显著下降。通过上述分析，当 η 取值适中时，模型可获得较好的分类性能。在后续实验中，η 取值为 5。关于参数 λ 对性能的影响，将在后续实验中进行进一步讨论。

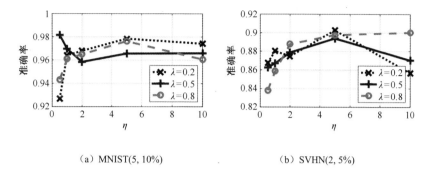

（a）MNIST(5, 10%)　　　　　　　（b）SVHN(2, 5%)

图 4.4　参数 η 与 λ 对性能的影响

4.4.2　数据转换扰动对性能的影响

尽管我们假设云中心与终端设备之间关于扰动强度可事先达成一致，但终端设备仍可能任意改变其扰动强度。因此，我们在一给定的扰动强度下训练模型，固定该模型，然后测试不同的隐私扰动对模型性能的影响。图 4.5 中，"➕"线表示模型在该给定的扰动强度下训练得到。从图 4.5 中可以看出，对于针对给定扰动强度训练得到的模型，其性能在给定扰动强度附近达到最大值。一个有趣的发现是，当隐私扰动为 0 时，即 $b = 0$，$\mu = 0$ 时，模型的分类准确度出乎意料的低，特别是当 $\lambda = 0.2$、0.5 时。这是由于当 λ 较小时，训练过程中损失函数会更偏重噪声样本，这削弱了模型在没有隐私扰动时针对纯净样本的分类能力。当隐私扰动过大时，扰动超出了噪声训练赋予模型的抵抗噪声的能力，分类准确度同样下降。尽管在隐私扰动变化时模型性能有一定波动，但在噪声训练的帮助下，这种波动在大部分情况下均被控制在 10% 以内。

4.3 节中给出的隐私扰动方法实现了在任意层添加隐私扰动的方式。下面检验当噪声扰动添加在本地网络的不同层时，对 ARDEN 性能的影响。从表 4.3 中可以看出，用噪声训练方法得到的模型，对不同层的扰动均表现出较强的健壮性，可始终保持一个较高的分类准确度。

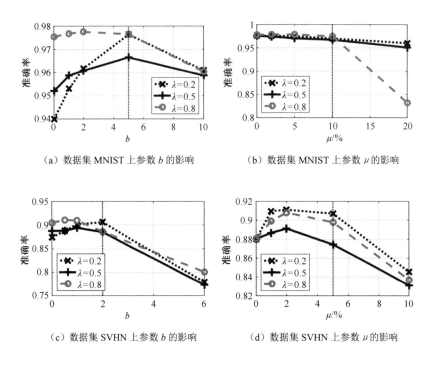

（a）数据集 MNIST 上参数 b 的影响　　　　（b）数据集 MNIST 上参数 μ 的影响

（c）数据集 SVHN 上参数 b 的影响　　　　（d）数据集 SVHN 上参数 μ 的影响

图 4.5　参数 b 和 μ 对性能的影响

表 4.3　扰动添加在不同层时模型的性能/%

数据集	层			
	输入层	第一层	第二层	第三层
MNIST	97.67	97.42	97.57	98.02
SVHN	88.56	88.66	87.82	88.12

为了更加直观地展示噪声扰动对保护隐私的效果，图 4.6 将噪声与图像重构的过程可视化。Original 对应的图表示原始图像，Perturbed 表示扰动图像，Reconstructed 表示用自编码器根据被扰动的中间层特征恢复的重构图像。在本组实验中，我们使用卷积去噪自编码器[89]来恢复重构图像，该自编码器成功运用于图像去噪、高分辨率重构等领域[90,91]，可有效地从被扰动图像中

恢复原始图像。该自编码器分别在两种扰动强度下训练得到。当扰动强度较弱时，被扰动的图像在一定程度上可以重构恢复，但重构得到的图像与原始图像有显著差异。在一些场景下，如攻击方希望通过重构图像模仿用户笔迹，那么这种扰动即可阻止攻击方达成目标。当扰动强度达到(5, 10%)时，即我们在实验中设定的强度，自编码器很难从扰动中间层特征中重构原始图像，这表明即使攻击方事先获知扰动强度，依然很难根据泄露的扰动中间层特征恢复原始图像，原始图像可得到较好的保护。

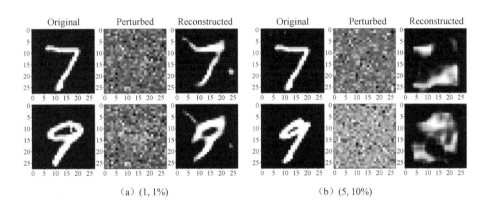

图 4.6　噪声与图像重构可视化（单位：像素）

4.4.3　性能比较

为检验 ARDEN 所带来的性能提升，我们在三个图像数据集和两个真实场景数据集上将 ARDEN 与三种变体进行比较。BASE 表示云中心网络，在 MNIST 和 SVHN 上的 Conv-Middle、在 CIFAR-10 上的 Conv-Large、在 BiAffect 上的单视图神经网络，将训练数据、测试数据不经过本地转换，直接输入这些网络模型，即可将原始数据直接传输到云中心网络。ARDEN-L1 表示在训练云中心网络时，只考虑纯净特征上的损失函数 $\mathcal{L}_1$。我们在两种条件下测试 ARDEN-L1，在存在隐私保护扰动的情况下进行推理和不存在隐私保护扰动的情况下进行推理。ARDEN 是本章节所提方法的完整框架。对数据集 MNIST、

SVHN、ALPH.和 ACCEL.设定 λ 为 0.2，对数据集 CIFAR-10 设定 λ 为 0.5。

表 4.4 列出了各框架的在不同数据集上的分类准确度。BASE 在暴露原始数据、完全牺牲隐私的情况下，获得了最高的分类准确度。在不存在隐私保护扰动的情况下，ARDEN-L1 的分类准确度略低于 BASE，这一结果表明在本地网络转换过程中丢失了一些有用的信息。然而，在存在隐私保护扰动的情况下，ARDEN-L1 的分类准确度急剧下降，如在 ALPH.上下降了 23.89%，在 ACCEL.上下降了 24.25%。这个结果表明，在传统训练方法下，仅使用纯净样本训练得到的模型，并不适合在存在隐私保护扰动下进行推理，很难在保护用户数据安全与隐私的前提下保证模型分类准确度。与之相应，ARDEN 在训练过程中，综合采用纯净数据、噪声数据、受扰动的噪声数据，最小化三者的联合损失函数，从而显著降低了隐私保护扰动对模型推理性能的负面影响。特别是，在实际移动应用数据集 ALPH.和 ACCEL.上的 ARDEN 表现出了良好的性能，表明 ARDEN 在实际应用中可使终端设备在不牺牲数据安全与隐私的条件下，仍从云中心的无限算力中受益。

表 4.4 不同框架的分类准确率/%

框架	Perturb	数据集				
		MNIST	SVHN	CIFAR-10	ALPH.	ACCEL.
BASE	NO	98.21	93.24	87.42	85.45	82.36
ARDEN-L1	NO	97.44	91.18	83.18	84.09	81.44
ARDEN-L1	YES	50.17	40.93	32.73	60.2	57.19
ARDEN	YES	98.16	90.02	79.52	83.55	80.05

值得注意的是，在上述性能比较实验中，我们并没有采用一些先进的深度神经网络模型，如 DenseNet[92]，因为这组实验的主要目的是检验噪声训练带来的性能提升。云中心网络可被任何最新式的深度神经网络模型替代，从而获得更高的分类准确度。特别是，得益于 ARDEN 框架的透明特性，云中心网络可以无缝地从一个模型替换为另一个更高性能的模型。

4.4.4　隐私保护预算分析

隐私保护预算代表了数据隐私的泄露程度。为了分析不同隐私保护预算的影响，我们用两个实际移动应用数据集 ALPH.和 ACCEL.测试 ARDEN 在不同的隐私保护预算下的性能。在本章所提方法中，隐私保护预算受两个参数的控制，即 b 和 μ。这里，我们固定 μ 的取值为 10%，通过将 b 从 0.3 调节到 5 来改变隐私保护预算 ε。

图 4.7 显示 ARDEN 在较大的隐私保护预算范围内均可保持较高的分类准确度。当 $\varepsilon < 1$ 时，分类准确度在 ALPH.和 ACCEL.上分别下降了 14%和 12%。当 ε 减小时，分类准确度保持一个较高值几乎不变，直到 ε 在 ALPH.和 ACCEL.上分别下降到 1.9 和 2.4，这两个隐私保护预算意味着相当强的隐私保护[93]。这些结果表明，ARDEN 可较好地满足差分隐私准则，保护数据安全与隐私。即使在较强的隐私保护要求下，ARDEN 仍然可以有效提高模型的推理性能。此外，我们绘制了在存在隐私保护扰动的情况下，ARDEN-L1 性能的变化情况。ARDEN 与 ARDEN-L1 之间分类准确度差距可被视为噪声训练所带来的性能提升。我们可以发现，在两个数据集上，当 ε 较小时，差距较大，随着 ε 变大，ARDEN 与 ARDEN-L1 之间分类准确度差距逐渐收窄。但是，即使在 ε 非常大，即隐私保护扰动非常小的情况下，ARDEN-L1 的分类准确度仍然明显劣于 ARDEN。这进一步表明了噪声训练在增强模型健壮性、提升模型性能方面的强大作用。

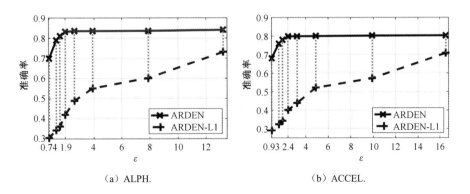

（a）ALPH.　　　　　　　（b）ACCEL.

图 4.7　不同隐私保护预算 ε 下的分类准确度

4.4.5　原型系统测试

我们在一个由 ARM 计算平台和 DELL INSPIRON 15 计算机组成的原型系统上部署了 ARDEN。ARM 计算平台包含 ARM 四核 Cortex-A53@2.3GHz 和四核 ARM Cortex-A53@1.81GHz 计算芯片。DELL INSPIRON 15 计算机配有 Core i7-7700HQ@2.80GHz CPU 芯片和 NVIDIA GTX 1050Ti 显卡。将 ARM 计算平台视为性能受限的终端设备，将 DELL INSPIRON 15 计算机视为算力较强的云中心。ARM 计算平台与 DELL INSPIRON 15 计算机之间通过 IEEE 802.11 无线网络连接。使用 TensorFlow 生成 Android 系统上可部署的可执行文件。在本组实验中，我们采用 SVHN 数据集进行实验，使用与上述实验相同的深度神经网络模型。

首先，我们测试 ARM 计算平台在进行本地数据转换过程中的 CPU 状态。我们连续进行 3000 次 SVHN 图片的本地转换。图 4.8 显示，在进行图片本地转换时，CPU 负载明显上升，特别是 CPU 温度上升了 9℃，这是高能耗的标

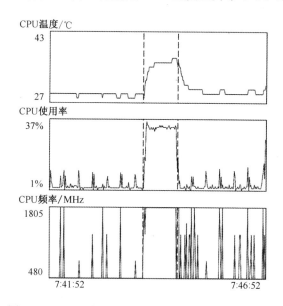

图 4.8　ARM 计算平台在本地转换过程中的 CPU 状态

志之一。这个观测表明，长时间运行一个小型的神经网络也会给终端设备带来较大的计算负载，在大多数算力、续航力有限的终端设备上直接部署深度神经网络是不合适的。

　　我们进一步比较本地神经网络与其他 4 种深度神经网络的负载。MobileNet[94]是一种专门针对移动视觉应用设计的轻量级模型。GoogLeNet[95]是在 ILSVRC'14 上获得最佳性能的深度卷积神经网络。Local 表示在 ARM 计算平台上仅执行本地数据转换，之后将数据传输至计算机，和 ARDEN 框架的推理流程一致。其他 4 种模型均完全运行在 ARM 计算平台上。所有模型连续处理 SVHN 图片 100 次。表 4.5 给出了不同模型的结果响应时间、存储所需空间和计算能耗。我们根据文献[50]、[96]中给出的统计数据估算能耗可发现，Local 相比其他 4 种模型在响应时间、存储空间、能耗上均有显著降低，即使与专门针对移动设备设计的 MobileNet 模型，Local 仍然具有明显优势，而与 GoogLeNet 等大型深度神经网络相比，Local 在各项负载上实现了十多倍的缩减。Local 与其他 4 种模型相比，ARDEN 在响应时间、存储空间与能耗上分别平均降低了 60.10%、92.07%和 77.05%。该结果表明 ARDEN 框架在实际使用中非常适合算力、续航力有限的终端设备。

表 4.5　运行负载比较

模型	响应时间/ms	存储空间/MB	能耗/J
Local	3267	0.56	1.29
Conv-Middle	7386	5.86	5.07
Conv-Large	12195	12.89	8.37
MobileNet	4106	3.34	2.82
GoogLeNet	36251	53.12	24.87

注：表中的响应时间与能耗均包含平台之间无线数据传输所消耗的等待时间与传输能耗。

4.5　本章小结

　　深度学习已成为一种新的数据分析、处理的范式。为了解决深度神经网络的复杂性与终端设备有限算力、续航力之间的矛盾，实现高效地在终端设备上进行深度学习服务，本章提出了一种基于深度学习模型分割的跨云端推理协同方法。在终端设备与云中心可保持通畅连接的情况下，所有重负载的任务，包括模型训练、复杂推理，均卸载至云中心执行，终端设备仅承担简单的数据转换与隐私噪声扰动。为了降低向云中心传输数据时带来的数据安全与隐私风险，本章设计了一种新的满足差分隐私准则的扰动方法，该方法相比传统扰动方法更加灵活、更适应神经网络的层级结构；同时，本章给出了该方法的隐私保护预算分析。除了数据安全与隐私，本章将模型推断性能作为另一个重要的考量因素。为了降低本地隐私保护扰动对云中心后续推断的影响，本章提出了一种新的噪声训练方法来训练云中心网络，以增强云中心网络对噪声的健壮性。噪声训练方法在训练集中加入精心设计的噪声样本，在纯净样本、噪声样本、被扰动的噪声样本上联合最小化相应的损失函数。通过一系列基于图像分类任务和真实移动应用的实验表明，所提出的 ARDEN 框架不仅可以严格保护终端设备上数据的安全与隐私，而且可以有效提高模型的推断性能。最后我们在一个实际云端原型系统上部署测试了 ARDEN 的负载，实验结果表明 ARDEN 可以降低超过 60% 的资源消耗。

本章所提方法基本实现了在网络连通情况下，终端设备与云中心之间安全、高效的数据处理协同，在后续研究中，我们将深入研究如何进一步增强云中心模型的健壮性，将噪声扰动对推断性能的影响进一步降低。此外，我们将研究如何降低终端设备与云中心之间的数据传输开销，从而进一步降低终端设备的能耗。

第 5 章

面向端侧自主智能
推理的智能计算
模型压缩

第 4 章研究了云中心与终端设备网络连接畅通的情况下，如何通过深度学习模型分割实现安全、高效的云端协同智能推理。然而，在无线网络中，特别是在恶劣战场环境下，终端设备并不能时刻保证与云中心的畅通数据连接。此外，根据第 3 章和第 4 章中关于数据传输的设计，各终端设备可能因信道优化、传输优化等而不能及时与云中心交互，在这些情况下，终端设备无法通过第 4 章给出的框架实现云端协同智能推理。进一步，在某些信息处理场景下，终端设备采集的数据可能十分敏感，不允许通过无线传输方式将数据上传至云中心处理。面对上述情况，终端设备必须仅依靠自身来执行复杂的信息处理任务。然而原始的深度神经网络庞大、复杂，运行这些模型通常需要极高的算力与续航力支持。为实现在终端设备本身运行高性能的数据处理模型，本章将基于知识萃取方法，研究智能计算模型压缩方法。训练一个精简、压缩的智能模型，然后在云中心与终端设备网络连接畅通时，将该模型下发至各终端设备。从而，在云中心与终端设备连接中断时，终端设备仍能依靠自身的算力与续航力自主执行实时、高效的智能推理任务。

5.1　引言

5.1.1　问题分析

在云中心与终端设备连接中断或不允许无线传输数据的情况下，终端设备无法通过云端协同的方式实现高效的智能推理，必须依靠自身的算力与模型来完成信息处理任务。尽管深度神经网络展现出超强的信息处理性能，但它通常需要大规模训练数据来学习、调整数以百万乃至千万计的模型参数。直接在算力有限的终端设备上部署高效的深度神经网络模型存在一系列挑战。

首先，算力与续航力瓶颈仍然是制约终端设备运行复杂深度神经网络的关键因素。如第 4 章所述，在运行深度神经网络过程中，大规模的浮点运算会显著加重平台处理器的负担，大量占用终端的能耗，直接将庞大、复杂的深度神经网络部署到终端设备上是非常困难的。我们需要一种精简、高效的模型来降低终端设备在处理数据时的负载。

其次，数据安全与模型安全的隐患。训练一个高性能的深度神经网络需要大量的训练数据，训练数据越丰富，通常模型性能越好。这些丰富的训练数据采集自大量信息源，往往蕴含许多敏感信息。若直接将训练得到的模型发放给众多终端设备，恶意用户截取模型后可以通过模型反推得到蕴含其中的敏感信息[72]。在一些商业领域，如医药领域[97]，直接分享私人数据或者模型也是非法的。除了数据安全方面的隐患，直接将高性能模型发放给终端设备还会带来模型安全上的隐患。训练一个复杂、庞大、高性能的深度神经网络需要耗费大量时间与算力成本，难以在短时间内更新。若恶意用户截取得到该模型，便可根据模型构建攻击样本[59]，使高成本、高性能的智能模型失效，威胁智能模型安全。基于此，应避免将高成本、高性能的深度神经网络模型直接部署到终端设备上。

为面对上述挑战，将高成本、高性能的大型深度神经网络压缩为精简、高效的小型神经网络是一种有效的途径。工业界和学术界提出了一系列模型压缩的方法，其中知识萃取扮演着重要角色[98]。知识萃取采用教师-学生模式进行模型训练，嵌入在庞大、复杂模型（教师模型）中的知识被萃取出来，用以指导精简模型（学生模型）的训练。学生模型相较教师模型有不同的结构，学生模型参数数量大大减少，但能通过知识萃取获得与教师模型相似的性能。其他模型压缩方法，如量子化、低秩分解等[65,94]，可以作为知识萃取的一种补充，进一步压缩学生模型。尽管在基于知识萃取的模型压缩方面已有一系列研究成果，但现有工作都没有充分考虑训练数据安全的问题。

本章引入差分隐私准则[64]，结合知识萃取方法，提出了一种面向数据安全的模型压缩方法（RONA），在云中心压缩庞大、复杂的深度神经网络，将压缩后的模型部署到终端设备，实现终端自主智能推理。

本章所提模型压缩方法综合考虑了模型压缩和训练数据安全等问题。假设云中心使用公共数据、敏感数据等多源数据训练了一个复杂的高性能模型，即教师模型，根据知识萃取方法，RONA 仅使用公共数据来训练精简的学生模型，使学生模型的特征表示尽可能与教师模型相应的特征表示相似。精简的学生模型被分发部署到终端设备上，而复杂的教师模型及敏感数据均保留在云中心，不被分发到终端设备。由于学生模型的训练不使用敏感数据，而且敏感数据、复杂的教师模型均未被公开，因此无法被恶意用户截取。直观上看，数据和模型的安全得到了很好的保护，但仅仅直观的理解是不够的。为了提供可证明的、严格的安全与隐私保护，我们对从教师模型中萃取得到的知识进行扰动，达到差分隐私准则要求。

在一个方法内综合考量深度神经网络压缩、数据安全与隐私保护、控制模型性能损失是一项困难的工作。为了解决该问题，本章将提出一系列方法，主要贡献总结如下。

（1）实现终端设备自主智能推理的框架。本章综合考量数据安全、模型性能、运算负载等制约终端设备部署深度学习模型的因素，设计了一种基于知识萃取的模型压缩方法，将压缩后的模型部署至终端设备，实现终端设备高效的自主深度学习和数据处理。

（2）满足差分隐私准则的知识萃取。为了严格、可证明地保护数据安全与隐私，本章设计了一种新的扰动机制，对从教师模型中萃取得到的知识进行扰动，以满足差分隐私准则。与现有的逐样本查询方法不同，本章所提方法以批为单位，对教师模型进行询问，以减少查询次数。由教师模型反馈的批损失（Batch Loss）将根据自适应阈值进行约束，并添加随机噪声，达到保护数据安全与隐私的目的。

（3）面向知识萃取的查询样本选取。本章所提方法的数据隐私泄露量受查询次数的影响。为控制学生模型对教师模型的访问，应减少在知识萃取过程中用到的样本数量。因此，本章提出了一种查询样本选取方法，从完整公共数据集中选取一部分子集咨询教师模型，达到使用子集的查询效果与使用完整公共数据集效果相仿的目标。

（4）全面的实验分析与验证。本章采用知识萃取领域广泛使用的标准任务对本章所提方法进行实验分析与验证。结果证明了本章所提方法的有效性，本章所提方法可在提供有意义的严格隐私保护的前提下，显著提高训练精简模型的性能。

本章余下部分组织如下：5.2 节提出了本章所设计的面向数据安全与隐私的模型压缩框架，并从理论上严格分析该框架的隐私保护程度；5.3 节通过标准图像分类任务检测本章所提方法的有效性，并通过实际系统部署测试本章所提方法的压缩效果与性能损失，验证本章所提方法的优越性；5.4 节总结了本章内容。

5.1.2　相关工作

为了在性能受限设备上部署高效的深度学习模型，深度神经网络压缩吸引了大量学者的关注。模型压缩方法大致可分为 4 类：参数共享、网络剪枝、低秩分解与知识萃取[65,94,99]。前面三种方法主要尝试减小一个给定模型的大小，并不显著改变模型的结构。一个复杂、庞大的深度神经网络中通常蕴含着大量关于训练数据的知识，知识萃取遵循教师-学生训练模式[98]，通过将嵌入在复杂模型中的知识萃取出来，以指导精简模型的训练，提高精简模型的训练性能。Hinton 等人[100]将教师模型生成的类概率作为软目标来训练学生模型。Romero 等人[101]扩展了 Hinton 等人的工作，通过指导学生模型学习教师模型的中间层特征，加速学生模型的训练，提高学生模型的性能。在这两个工作的基础上，Chen 等人[99]提出了一种压缩目标检测模型的方法，该方法重点解决了分类不均衡问题。尽管已有较多关于知识萃取的模型压缩研究，但几乎没有研究工作将数据安全与隐私问题考虑在内。教师模型可以在训练过程中根据需要任意多次地被询问，而这在保护数据安全与隐私时显然是不可行的。Papernot 等人[93,102]提出了一种面向隐私的知识转移框架，该框架训练学生模型逐样本地去正确预测由教师模型投票生成的样本标签，教师模型的投票过程受噪声扰动，从而保护数据隐私。但该框架仅使用标签指导学生模型的训练，无法高效地压缩深度神经网络。

5.2　基于知识萃取的智能模型压缩框架

为了在算力有限的终端设备上部署神经网络，本章提出了一种面向安全与隐私的模型压缩框架，该框架分阶段将复杂、庞大的教师模型中的知识迁移到精简、高效的学生模型中。该框架不仅能使学生模型从训练数据标签中获取信息，还能使其获取从教师模型中萃取得到的信息。本节首先介绍 RONA 框架的概览，然后详细给出三个核心模块的设计，包括：①基于知识萃取的模型压缩；②面向差分隐私准则的知识扰动；③查询样本选取。

5.2.1　框架概览

图 5.1 给出了 RONA 框架的概览。为了更好地获取嵌入在复杂教师模型中的知识，我们综合运用提示学习[101]、萃取学习[100]和自学习来训练精简的学生模型。同时，由教师模型产生的提示损失函数、萃取损失函数被严格地约束并添加了噪声扰动，以满足差分隐私准则。考虑向教师模型咨询的次数越多隐私泄露得越严重，我们给出了一种查询样本选取方法，从完整公共数据集中选取部分最具代表性的子集作为查询样本来咨询教师模型。

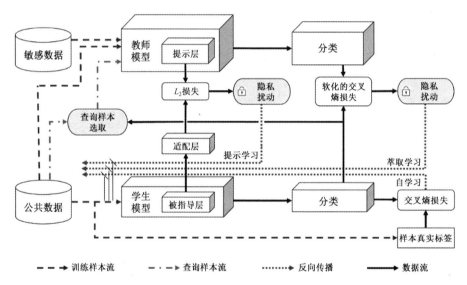

图 5.1　RONA 框架概览

云中心的训练数据来自各类信息源，部分训练数据可能为敏感数据。这类敏感数据仅被用来训练复杂、庞大的教师模型，不被发布到公开环境中，与恶意用户隔绝。由于学生模型无法接触到敏感数据，敏感数据被隔离开来，避免了显式的安全与隐私威胁。由于教师模型接触了敏感数据，因此由教师模型产生的信息，如提示损失函数、萃取损失函数，仍可能包含敏感数据的信息。为了严格、可证明地保护敏感数据安全与隐私，我们对提示损失函数、萃取损失函数施加额外的噪声干扰。由此，所有与敏感数据、教师模型相关的信息均被隔离开来或在发布前被很好地添加了保护。

5.2.2　模型压缩训练

本框架遵循教师-学生训练模式,学生模型分阶段地通过查询样本咨询教师模型,教师模型根据查询样本生成知识,用以指导学生模型训练,下面将依次介绍训练的各阶段。

1. 提示学习阶段

首先训练学生模型如何从输入数据中提取中间层特征。选取教师模型中特定中间层(提示层)输出的中间层特征作为一种提示,来指导学生模型的训练。相应地,从学生模型的中间层中选取一层(被指导层),接受教师模型提示层的指导。训练学生模型中从第一层到被指导层的子网络,令其最小化下面的 L_2 损失函数,即提示损失函数。

$$\mathcal{L}_{\text{hint}}(\boldsymbol{x}_q, \boldsymbol{z}_h; \Theta_g, \Theta_a) = \frac{1}{2}\left\| r(g(\boldsymbol{x}_q; \Theta_g); \Theta_a) - \boldsymbol{z}_h \right\|^2 \tag{5.1}$$

式中, $g(\cdot; \Theta_g)$ 表示学生模型从第一层到被指导层子网络对应的由模型参数 Θ_g 组成的确定性函数, $\boldsymbol{x}_q$ 是查询样本, $\boldsymbol{z}_h$ 是教师模型的提示层在查询样本上的输出。被指导层的维度与提示层的维度通常不同,我们在被指导层之上加一层适配层,可使被指导层的维度转换为与提示层的维度相同。令 $r(\cdot; \Theta_a)$ 表示适配层对应的确定性函数,其中,参数 Θ_a 在提示学习阶段训练得到。如果提示层与被指导层都是全连接层,那么适配层也是全连接层。如果提示层与被指导层都是卷积神经网络,此时仍然使用全连接层会引入大量参数,难以训练,所以为了减少适配层的参数个数,可使用 1×1 卷积层作为适配层。

在提示学习阶段,通过最小化提示损失函数,即式(5.1),教师模型指导学生模型如何提取一般泛化特征。通常来说,在一个神经网络中,层数越高,所产生的特征越抽象、越针对具体的分类任务。如果选取学生模型中的较高层作为被指导层,会导致学生模型在提取特征时缺乏灵活性,因此,我们选取学生模型中相对中间的隐藏层作为被指导层。

2. 萃取与自学习阶段

提示学习阶段训练学生模型的部分子网络如何提取输入样本的中间层特征,萃取与自学习阶段将训练整个完整的学生模型。令 $\boldsymbol{z}_t$ 表示教师模型最后一层隐藏层在查询样本上的输出（称为 logits）。我们将软化的概率分布 $\boldsymbol{P}_t^{\tau}$ [100] 作为知识，即

$$\boldsymbol{P}_t^{\tau} = \mathrm{softmax}(z_t / \tau) \qquad (5.2)$$

式中，τ 为温度参数。通常情况下，$\tau = 1$，即常用的 softmax。τ 的取值越大，可以使教师模型产生越软化的概率分布。如此，通常情况下 softmax 后概率接近 0 的类，在软化的概率分布中，概率值会变大，从而避免被忽略。软化后的概率分布包含了各类之间的潜在关系，我们将其作为从教师模型中萃取得到的知识。学生模型通过最小化查询样本上的萃取损失函数来学习这一知识，即

$$\mathcal{L}_{\mathrm{distill}}(\boldsymbol{x}_q, \boldsymbol{P}_t^{\tau}; \Theta_s) = \mathcal{H}(\boldsymbol{P}_s^{\tau}, \boldsymbol{P}_t^{\tau}; \Theta_s) \qquad (5.3)$$

式中，$\mathcal{H}$ 为交叉熵，Θ_s 是整个完整学生模型的参数，$\boldsymbol{P}_s^{\tau}$ 是学生模型在查询样本 $\boldsymbol{x}_q$ 上的软化后的概率分布，即

$$\boldsymbol{P}_s^{\tau} = \mathrm{softmax}(z_s / \tau) \qquad (5.4)$$

式中，z_s 是学生模型的 logits。

与一般现有的基于知识萃取的方法不同，本章引入自学习过程。在自学习过程中，所有公共样本的真实标签被用来训练学生模型，最小化自学习损失函数，即

$$\mathcal{L}_{\mathrm{self}}(\boldsymbol{x}_p, \boldsymbol{y}_p; \Theta_s) = \mathcal{H}(\boldsymbol{P}_s, \boldsymbol{y}_p; \Theta_s) \qquad (5.5)$$

式中，$\boldsymbol{x}_p$、$\boldsymbol{y}_p$ 分别是公共样本和样本的对应标签，$\boldsymbol{P}_s$ 是由学生模型产生的一般概率分布，即 $\tau = 1$。

基于保护数据安全与隐私的考虑，应该尽量减少萃取学习的迭代次数（在后续章节中详述原因）。然而，自学习过程不会用到任何有关敏感数据、教师模型的信息，不会造成任何隐私泄露，自学习过程可以有任意多次。因此，在综合萃取学习与自学习时，我们不能简单地将二者的损失函数结合在一起来训练模型。为了解决该问题，将萃取学习与自学习有机结合，我们模仿真实情况下教师传授学生的过程。具体来说，学生模型首先通过自学习过程，最小化自学习损失函数。接着，学生模型选取一些公共样本作为查询样本，咨询教师模型，并通过最小化萃取损失函数来向教师模型学习。这个过程不断重复，直到学生模型收敛或超过隐私保护预算。后续实验结果表明自学习过程不仅可以加速学生模型的收敛，还可以避免萃取学习陷入局部最优。将二者结合为萃取与自学习阶段会给学生模型训练带来显著优势。

算法 5.1 给出了两阶段模型压缩方法。首先，进行 T_h 次提示学习，学生模型学习如何提取一般泛化特征，为了使特征更为一般化，我们从公共样本中

算法 5.1　精简学生模型训练

求: 提示学习迭代次数 T_h; 萃取学习迭代次数 T_d; 自学习迭代次数 T_s; 轮训次数 R; 提示学习、萃取学习批大小 S; 自学习批大小 S'.

1: **for** $t = 0$ **to** $T_h - 1$ **do**
2: 　　　$\boldsymbol{x}_q \leftarrow \text{random\_select}(\boldsymbol{x}_p)$;
3: 　　　**for** $i = 0$ **to** $|\boldsymbol{x}_p|/S$ **do**
4: 　　　　　依据批大小 S 从 $\boldsymbol{x}_q$ 中选取一批 $\boldsymbol{x}_q^{(i)}$;
5: 　　　　　根据式（5.1）计算 $\boldsymbol{x}_q^{(i)}$ 上的提示损失函数 $\mathcal{L}_{\text{hint}}^{(i)}$;
6: 　　　　　$\widetilde{\mathcal{L}}_{\text{hint}}^{(i)} \leftarrow \text{privacy\_sanitize}(\mathcal{L}_{\text{hint}}^{(i)})$;
7: 　　　　　反向传播更新 Θ_g 和 Θ_a;
8: 　　　**end for**
9: **end for**
10: **for** $r = 0$ **to** $R - 1$ **do**
11: 　　　**for** $t = 0$ **to** $T_s - 1$ **do**
12: 　　　　　**for** $i = 0$ **to** $|\boldsymbol{x}_p|/S$ **do**
13: 　　　　　　　依据批大小 S' 从 $\boldsymbol{x}_p$ 中选取一批 $\boldsymbol{x}_p^{(i)}$;
14: 　　　　　　　根据式（5.5）计算 $\boldsymbol{x}_p^{(i)}$ 上的自学习损失函数 $\mathcal{L}_{\text{self}}^{(i)}$;
15: 　　　　　　　根据 $\mathcal{L}_{\text{self}}^{(i)}$ 反向传播更新 Θ_s;
16: 　　　　　**end for**
17: 　　　**end for**
18: 　　　**for** $t = 0$ **to** $T_d - 1$ **do**
19: 　　　　　$\boldsymbol{x}_q \leftarrow \text{query\_select}(\boldsymbol{x}_p, \Theta_s)$;
20: 　　　　　**for** $i = 0$ **to** $|\boldsymbol{x}_p|/S$ **do**
21: 　　　　　　　依据批大小 S 从 $\boldsymbol{x}_q$ 中选取一批 $\boldsymbol{x}_q^{(i)}$;
22: 　　　　　　　根据式（5.3）计算 $\boldsymbol{x}_q^{(i)}$ 上的萃取损失函数 $\mathcal{L}_{\text{distill}}^{(i)}$;
23: 　　　　　　　$\widetilde{\mathcal{L}}_{\text{distill}}^{(i)} \leftarrow \text{privacy\_sanitize}(\mathcal{L}_{\text{distill}}^{(i)})$;
24: 　　　　　　　根据 $\mathcal{L}_{\text{distill}}^{(i)}$ 反向传播更新 Θ_s;
25: 　　　　　**end for**
26: 　　　**end for**
27: **end for**

随机选取样本作为查询样本，而非采用后续设计的方法来选取样本。之后，进行 R 轮次萃取与自学习，每轮次中分别进行 T_s 与 T_d 次自学习与萃取学习。在萃取学习中，我们选取部分公共样本作为查询样本，选取方法将在后续章节中详细介绍。自学习损失函数与萃取损失函数均经过隐私保护处理（算法 5.1 第 6 行与第 23 行）。同时，学生模型以逐批次的形式咨询教师模型，相较逐样本的形式，可大大减少咨询次数。

5.2.3　数据安全隐私保护

为了严格可证明地保护敏感训练数据的安全与隐私，我们对所有与敏感数据有关并且被学生模型使用的信息进行噪声扰动保护。算法 5.2 给出了函数 privacy_sanitize 的伪代码。对每个批损失函数 $\mathcal{L}^{(i)}$（提示损失函数或萃取损失函数），首先将它约束在一定的阈值 B 内，保证其全局敏感度不超过 B，接着在被约束的批损失函数中加入随机高斯噪声。

算法 5.2　函数 privacy_sanitize

已知: 批损失函数 $\mathcal{L}^{(i)}$.

求: 噪声尺度 σ；约束阈值 B.

1:
$$\overline{\mathcal{L}}(i) + \mathcal{L}^{(i)} / \max\left(1, \frac{\|\mathcal{L}^{(i)}\|_2}{B}\right);$$

2: $\widetilde{\mathcal{L}}^{(i)} + \overline{\mathcal{L}}^{(i)} + \mathcal{N}(0, \sigma^2 B^2 \boldsymbol{I});$

3: **return** 去敏的批损失函数 $\widetilde{\mathcal{L}}^{(i)}$

估计敏感数据上批损失函数的全局敏感度是非常困难的。因此，我们将 $\left\|\mathcal{L}^{(i)}\right\|_2$ 的最大值约束在一定阈值内，如算法 5.2 的第 1 行所示。当 $\left\|\mathcal{L}^{(i)}\right\|_2 \leqslant B$ 时，$\left\|\mathcal{L}^{(i)}\right\|_2$ 的值被保留，否则它被约束到 B 以内。经过约束，$\overline{\mathcal{L}}^{(i)}$ 的全局敏感度为 B。

若约束阈值 B 的取值过大，会引入过多噪声，而取值过小则会导致批损失函数被截取得过多。这两者均会降低去敏后的批损失函数的可用性。为了解决该问题，我们提出了一种自适应确定约束阈值取值的方法。具体来说，我们用公共数据集训练一个辅助的教师模型，该教师模型与原教师模型结构完全相同，区别是使用的训练数据集不同。在训练学生模型的过程中，持续监控辅助教师模型与学生模型之间的辅助损失函数，将辅助损失函数的平均值确定为约束阈值 B。通过这种方法，约束阈值 B 可在训练过程中自适应地自动调整。后续实验分析显示这种自适应取值方法可显著提高模型训练性能。由于约束阈值 B 的取值过程与敏感数据无关，因此，在这一过程中不会造成任何隐私泄露。

我们在被约束后的批损失函数中加入高斯噪声来保护数据隐私，根据定理 4.2，如果设定 σ 为 $\sqrt{2\ln(1.25/\delta)}/\varepsilon$，那么这一随机化机制满足 (ε,δ)-差分隐私准则。在训练学生模型过程中，教师模型被咨询了 $T = (T_h + RT_d)\lvert \boldsymbol{x}_q \rvert / S$ 次。依据矩会计[72]，可得下述定理。

定理 5.1：给定 $\varepsilon < c_1 T$，$\delta > 0$，其中 c_1 是一个常数。算法 5.1 可满足 (ε,δ)-差分隐私准则，设 σ 为

$$\sigma \geqslant c_2 \frac{\sqrt{T\ln(1/\delta)}}{\varepsilon} \tag{5.6}$$

式中，c_2 是一个常数。

在证明定理 5.1 之前，我们首先介绍文献[72]给出的矩会计。将隐私损失视为一个随机变量 r，对两个近邻输入 d 和 d'，随机化机制 $\mathcal{A}$ 与 $\mathcal{A}$ 的任意输出 S，定义

$$r(S; \mathcal{A}, d, d') = \ln \frac{\Pr[\mathcal{A}(d) = S]}{\Pr[\mathcal{A}(d') = S]} \tag{5.7}$$

定义 λ 阶矩母函数的对数形式为

$$\alpha_{\mathcal{A}}(\lambda; d, d') = \ln E_{S \sim \mathcal{A}(d)}[\exp(\lambda r(S; \mathcal{A}, d, d'))] \tag{5.8}$$

我们可以通过约束即式（5.8）的上界来估算隐私损失，定义 $\alpha_{\mathcal{A}}(\lambda; d, d')$ 在所有可能的 d 和 d' 上的上界为矩会计，即

$$\alpha_{\mathcal{A}}(\lambda) = \max_{d, d'} \alpha_{\mathcal{A}}(\lambda; d, d') \tag{5.9}$$

矩会计有下述两个很好的性质。

（1）可加性：如果 $\mathcal{A}$ 由一系列随机化机制 $\mathcal{A}_{k:k=1}^{K}$ 组合而成，那么有

$$\alpha_{\mathcal{A}}(\lambda) \leqslant \sum_{k=1}^{K} \alpha_{\mathcal{A}_k}(\lambda), \forall \lambda \tag{5.10}$$

（2）尾界性：随机化机制 $\mathcal{A}$ 满足 (ε,δ)-差分隐私准则，其中

$$\delta = \min_{\lambda} \exp(\alpha_{\mathcal{A}}(\lambda) - \lambda\varepsilon), \forall \varepsilon > 0 \qquad (5.11)$$

通过可加性，我们可以根据每个子随机化机制确定一个组合随机化机制的矩的上界，然后根据尾界性，将矩会计转化为 (ε,δ)-差分隐私准则。下面给出定理 5.1 的具体证明过程。

证明：假定教师模型使用百分之 q 的总样本进行预训练。根据文献[72]中的引理 3，如果 $\lambda \leqslant \sigma^2 \ln(1/q\sigma)$，那么每次咨询教师模型的矩会计 $\alpha_{\mathcal{A}_k}(\lambda)$ 的上界为 $\alpha_{\mathcal{A}_k}(\lambda) \leqslant q^2\lambda^2 / \sigma^2$。根据可加性，可得

$$\alpha_{\mathcal{A}}(\lambda) \leqslant Tq^2\lambda^2 / \sigma^2 \qquad (5.12)$$

根据尾界性，当满足以下两个条件时，可以满足 (ε,δ)-差分隐私准则，即

$$Tq^2\lambda^2 / \sigma^2 \leqslant \lambda\varepsilon / 2 \qquad (5.13)$$

$$\delta \geqslant \exp(-\lambda\varepsilon / 2) \qquad (5.14)$$

通过简单的计算可以发现，通过以下设定，便可以满足所有条件，即

$$\varepsilon = c_1 q^2 T \qquad (5.15)$$

$$\upsilon = c_2 \frac{q\sqrt{T\ln(1/\delta)}}{\varepsilon} \qquad (5.16)$$

式中，存在两个常数 c_1 和 c_2。当 $q \to 1$ 时，定理 5.1 得证。

定理 5.1 表明，当 σ 固定取值时，T 的值越大，隐私保护预算 ε 越大，也就是更多的隐私被泄露。为了更严格地保护数据安全与隐私，T 的取值不能过大。因此，我们从公共样本中选取一部分查询样本，而非全部公共样本，去咨询教师模型。然而，在公共样本中降采样显然影响知识萃取过程的性能。为了缓解这种不良影响，5.2.4 节将介绍一种查询样本选取方法。

5.2.4 查询样本选取

样本选取问题可以被归类为主动学习问题。在一般的主动学习中，样本通常是通过逐样本的形式选取出来的，而在本章所提出的教师-学生模式中，学生模型以批次的形式向教师模型咨询，一般的逐样本选取方法不适合本章采用的模式。

为解决该问题，我们尝试选取一个查询样本集合，从该查询样本集合上萃取得到的知识与从完整公共样本集合上萃取得到的知识尽量相近。形式化地描述，我们希望最小化查询样本上的萃取损失函数与完整公共样本上的萃取损失函数之间的差别为

$$\min_{\boldsymbol{x}_q:\boldsymbol{x}_q\subset\boldsymbol{x}_p}\left|\mathcal{L}_{\mathrm{distill}}(\boldsymbol{x}_p,\boldsymbol{P}_t^{\tau})-\mathcal{L}_{\mathrm{distill}}(\boldsymbol{x}_q,\boldsymbol{P}_t^{\tau})\right| \tag{5.17}$$

由于我们没有关于 $\boldsymbol{P}_t^{\tau}$ 的先验知识，因此上述优化问题是不可求解的。作为替代，我们尝试最小化式（5.17）的上界。

定理 5.2：给定公共样本集合 $\boldsymbol{x}_p$ 和查询样本集合 $\boldsymbol{x}_q$。如果 $\boldsymbol{x}_q$ 是 λ-覆盖 $\boldsymbol{x}_p$，$\mathcal{L}_{\mathrm{distill}}(\boldsymbol{x}_p,\boldsymbol{P}_t^{\tau})=A$，可得

$$\left|\mathcal{L}_{\mathrm{distill}}(\boldsymbol{x}_p,\boldsymbol{P}_t^{\tau})-\mathcal{L}_{\mathrm{distill}}(\boldsymbol{x}_q,\boldsymbol{P}_t^{\tau})\right|\leqslant\mathcal{O}(\lambda)+\mathcal{O}\left(\sqrt{\frac{1}{|\boldsymbol{x}_p|}}\right)+\mathcal{O}(A) \tag{5.18}$$

"$\boldsymbol{x}_q$ 是 λ-覆盖 $\boldsymbol{x}_p$"表示整个 $\boldsymbol{x}_p$ 可以被一组以 $\boldsymbol{x}_q$ 中样本为球心，以 λ 为半径的球体覆盖[①]。下面我们给出定理 5.2 的证明。

证明：将一个样本 λ 属于集合 c 的概率视为一个回归函数，$\mu_c(x)=\mathrm{Pr}[y=c\,|\,x]$。用 $y\sim\mu_c(x)$ 表示 $\{y=k\}\sim\mu_c(x)$。对 $x_i\in\boldsymbol{x}_p$，$x_j\in\boldsymbol{x}_q$，并且 $\boldsymbol{x}_q$ 是 λ-覆盖 $\boldsymbol{x}_p$。δ_1 和 δ_2 是两个常数。由于范数约束，因此 $\mathcal{L}_{\mathrm{distill}}$ 被约束在阈值 B 以内。根据文献[103]中的申明 1，可得

$$\begin{aligned}
&E_{y_i\sim\mu(x_i)}[\mathcal{L}_{\mathrm{distill}}(x_i,\boldsymbol{P}_t^{\tau})]\\
&=\sum_c\mathrm{Pr}_{y_i\sim\mu_c(x_i)}[y_i=c]\mathcal{L}_{\mathrm{distill}}(x_i,\boldsymbol{P}_t^{\tau})\\
&\leqslant\sum_c\mathrm{Pr}_{y_i\sim\mu_c(x_i)}[y_i=c]\mathcal{L}_{\mathrm{distill}}(x_i,\boldsymbol{P}_t^{\tau})+\\
&\quad\sum_c|\mu_c(x_i)-\mu_c(x_j)|\mathcal{L}_{\mathrm{distill}}(x_i,\boldsymbol{P}_t^{\tau})\\
&\leqslant\sum_c\mathrm{Pr}_{y_i\sim\mu_c(x_j)}[y_i=c]\mathcal{L}_{\mathrm{distill}}(x_i,\boldsymbol{P}_t^{\tau})+\delta_1\lambda BC
\end{aligned}$$

可以进一步界定上述不等式右边项中的第一项：

---

① 这里我们使用三维空间的概念以方便理解。实际上，这个距离定义在样本数据的特征空间。

$$\sum_c \mathrm{Pr}_{y_i \sim \mu_c(x_j)}[y_i = c]\mathcal{L}_{\mathrm{distill}}(x_i, \boldsymbol{P}_t^{\tau})$$

$$= \sum_c \mathrm{Pr}_{y_i \sim \mu_c(x_j)}[y_i = c][\mathcal{L}_{\mathrm{distill}}(x_i, \boldsymbol{P}_t^{\tau}) - \mathcal{L}_{\mathrm{distill}}(x_j, \boldsymbol{P}_t^{\tau})] +$$

$$\sum_c \mathrm{Pr}_{y_i \sim \mu_c(x_j)}[y_i = c]\mathcal{L}_{\mathrm{distill}}(x_i, \boldsymbol{P}_t^{\tau})$$

$$\leqslant \delta_2 \lambda + \mathcal{O}(A)$$

结合上述两个不等式，并根据霍夫丁边界（Hoeffding's Bound），可得

$$\left| \mathcal{L}_{\mathrm{distill}}(\boldsymbol{x}_p, \boldsymbol{P}_t^{\tau}) - \mathcal{L}_{\mathrm{distill}}(\boldsymbol{x}_q, \boldsymbol{P}_t^{\tau}) \right|$$

$$\leqslant \left| \mathcal{L}_{\mathrm{distill}}(\boldsymbol{x}_p, \boldsymbol{P}_t^{\tau}) \right| + \left| \mathcal{L}_{\mathrm{distill}}(\boldsymbol{x}_q, \boldsymbol{P}_t^{\tau}) \right|$$

$$\leqslant \mathcal{O}(\lambda) + \mathcal{O}\left(\sqrt{\frac{1}{|\boldsymbol{x}_p|}}\right) + \mathcal{O}(A)$$

定理 5.2 得证。

在不等式（5.18）的右边项中，$\mathcal{O}\left(\sqrt{1/|\boldsymbol{x}_p|}\right) + \mathcal{O}(A)$ 与 $\boldsymbol{x}_q$ 无关。因此，我们可以通过最小化 λ 来控制不等式（5.18）的右边项。从而，关于式（5.17）的优化被转换为 $\min\limits_{\boldsymbol{x}_q : \boldsymbol{x}_q \subset \boldsymbol{x}_p} \lambda$。该问题又等价于最小化-最大化选址问题[104]，即

$$\min_{\boldsymbol{x}_q : \boldsymbol{x}_q \subset \boldsymbol{x}_p} \max_{x_i \in \boldsymbol{x}_q} \min_{x_j \in \boldsymbol{x}_q, x_j \neq x_i} \mathcal{D}(x_i, x_j \mid \Theta_s) \tag{5.19}$$

式中，$\mathcal{D}(x_i, x_j \mid \Theta_s)$ 表示两个样本之间的距离。我们用学生模型在两个样本上输出的概率分布的 KL 散度作为距离，使用 2-OPT 贪心算法解决该问题[104]。算法 5.3 给出了查询样本选取函数的伪代码。

算法 5.3   函数 query_select

已知: 公共样本 $\boldsymbol{x}_p$；学生模型参数 Θ_s.

求: 查询样本数量 N_q.

1: 从 $\boldsymbol{x}_p$ 随机选取初始查询样本 $\boldsymbol{x}_q$；

2: **for** $n = 0$ **to** $N_q - 2$ **do**

3:　　　　$x_{\mathrm{sel}} \leftarrow \underset{x_i \in \boldsymbol{x}_p - \boldsymbol{x}_q}{\mathrm{argmax}} \min\limits_{x_j \in \boldsymbol{x}_q} \mathcal{D}(x_i, x_j \mid \Theta_s)$；

4:　　　　$\boldsymbol{x}_q \leftarrow \boldsymbol{x}_q \bigcup \{x_{\mathrm{sel}}\}$；

5: **end for**

6: **return** 查询样本 $\boldsymbol{x}_q$

5.3　实验评估

我们采用三个常用的图像数据集 MNIST、SVHN、CIFAT-10 来测试本章所提框架（RONA）。首先采用 CIFAR-10 测试各参数对性能的影响及 RONA 中各项技术的有效性。然后，我们在 MNIST、SVHN、CIFAR-10 上检验安全与隐私保护效果、压缩效果。

5.3.1　参数对性能的影响

本组实验采用 CIFAR-10 数据集。CIFAR-10 数据集包含 50000 个训练样本，分属 10 个类别。随机选取 80%的训练样本作为公共数据，其余 20%作为敏感数据。对数据集中每个样本进行标准化预处理。采用与 4.4 节一致的 Conv-Large 网络作为复杂的教师模型，在公共数据和敏感数据上训练教师模型。我们采用 Conv-Small 网络的变形作为精简的学生模型，其结构如表 5.1 中 CIFAR-10 列所示，并采用 RONA 框架训练学生模型。选取教师模型的第 4 层作为提示层，选取学生模型的第 7 层作为被指导层。软化概率分布中温度参数设为 3，精简学生模型的性能受诸多参数影响，我们采用控制变量法逐个检验这些参数对性能的影响，各参数的默认取值如表 5.2 所示。

（1）提示学习迭代次数。从图 5.2（a）可以看出，当提示学习迭代次数增加时，学生模型的预测准确率随之增加。但是，当迭代次数较大时，学生模型准确率的增长幅度变小，特别是当 RT_d 也就是萃取学习的总迭代次数较少时，这种现象更加明显。例如，当 $RT_d = 40$ 时，T_h 从 30 增加到 100，准确率仅有微小的提高。由于提示学习会增加训练过程中的隐私保护预算，因此不应当设置太多的提示学习迭代次数。

表 5.1　学生模型神经网络结构

MNIST	SVHN	CIFAR-10
输入图像		
3×3 conv. 16 lReLU	3×3 conv. 16 lReLU	3×3 conv. 32 lReLU
	3×3 conv. 16 lReLU	3×3 conv. 32 lReLU
	3×3 conv. 16 lReLU	3×3 conv. 32 lReLU
2×2 max-pool, stride 2		
dropout, p=0.5		
3×3 conv. 16 lReLU	3×3 conv. 32 lReLU	3×3 conv. 64 lReLU
	3×3 conv. 32 lReLU	3×3 conv. 64 lReLU
	3×3 conv. 32 lReLU	3×3 conv. 64 lReLU
2×2 max-pool, stride 2		
dropout, p=0.5		
1×1 conv. 16 lReLU	3×3 conv. 32 lReLU	3×3 conv. 64 lReLU
	1×1 conv. 16 lReLU	1×1 conv. 32 lReLU
	1×1 conv. 16 lReLU	1×1 conv. 32 lReLU
global average pool, 6×6→1×1		
dense 16→10	dense 16→10	dense 32→10
10-way softmax		

表 5.2　CIFAR-10 参数默认取值

参数	取值	参数	取值
提示学习迭代次数 T_h	40	噪声尺度 σ	10
轮训次数 R	5	查询样本采用率	0.5
萃取学习迭代次数 T_d	8	自学习批大小 S'	128
自学习迭代次数 T_s	5	提示、萃取学习批大小 S	512

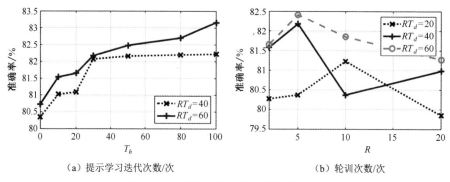

（a）提示学习迭代次数/次　　　　　　　（b）轮训次数/次

图 5.2　各参数对学生模型性能的影响

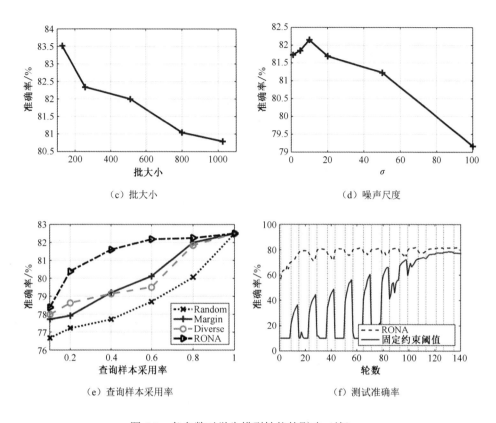

（c）批大小　　　　　　　　　　　（d）噪声尺度

（e）查询样本采用率　　　　　　　　（f）测试准确率

图 5.2　各参数对学生模型性能的影响（续）

（2）轮训次数。萃取学习的总迭代次数由轮训次数 R 和每次轮询中萃取学习的迭代次数 T_d 共同决定。如图 5.2（b）所示，一般而言，RT_d 越大，学生模型可以多次从教师模型中学习到更多知识，因此学生模型的准确率越高。当 RT_d 一定时，过小或者过大的 R 均会导致学生模型的准确率下降，这表明 R 的取值应适中，从而每次轮询中的萃取学习迭代次数也较为适中，学生模型向教师模型的学习既不会欠学习也不会过学习。

（3）批大小。图 5.2（c）显示，学生模型的性能随着批大小的增加而降低。在 RONA 中，学生模型以批次的形式，向教师模型咨询。当查询样本总数一定时，批大小越小，则意味着教师模型被咨询的次数越多，从而会导致更多的隐私泄露，因此不能将批大小设置得过小。为了在模型性能和安全隐私之间取得一定平衡，在后续实验中，设定批大小为 512。

（4）噪声尺度。噪声尺度越大，意味着在批损失函数中加入的噪声越强，批损失函数受干扰程度越高，数据的安全与隐私也就得到了更好的保护。如图 5.2（d）所示，当噪声尺度适中时，学生模型的性能相较没有加噪声的情况甚至有提高。这是由于深度神经网络通常受过拟合问题的困扰，损失函数的范数约束和额外添加的噪声可以在训练过程中起到正则化的作用，提高模型性能。同时，我们可以发现，RONA 对噪声尺度并不非常敏感，即使当噪声较大时（ $\sigma = 20$ ），学生模型的准确率也仅下降了不到 1%。这个特性表明，可以在每次查询中添加更强的噪声，以提供更好的数据安全与隐私保护。

（5）查询样本采用率。查询样本采用率越高，意味着学生模型需要用更多的公共样本去咨询教师模型。图 5.2（e）中的实验结果表明当查询样本数量增加时，学生模型的准确率会随之上升。然而，查询样本越多，意味着咨询教师模型的次数越多，会导致更多的隐私泄露，因此通过数量较少的查询样本，便能取得较好的查询效果就显得尤为重要。本章提出的查询样本选取方法可以在仅使用 20%公共样本的情况下，便获得令人满意的结果。我们将它与以下三种查询样本选取方法进行比较。

① Random：随机从公共样本中选取查询样本。

② Margin[105]：对于公共样本 x_i ，定义如下 ms_i 值：

$$\mathrm{ms}_i = p(y_i = l_1 \,|\, x_i, \Theta_s) - p(y_i = l_2 \,|\, x_i, \Theta_s) \qquad (5.20)$$

式中， l_1、l_2 分别表示学生模型产生的分类结果中最可能的两个类别。ms_i 的值越小，表明学生模型对这个样本的预测结果越不确定。将所有公共样本的 ms_i 值按升序排列，选取最靠前的样本作为查询样本。

③ Diverse[106]：将所有公共样本按学生模型产生的概率分布中的最大概率的升序排列。同时，以学生模型产生的概率分布为特征，将所有公共样本划分为 10 类。令 $|x_q|$ 表示查询样本总数，从前至后依次从公共样本排序序列中选取查询样本，若某一类别已选取的样本数超过 $|x_q|/10$ ，则在选取时跳过后续属于该类的样本。

从图 5.2（e）中可以看出，本章所提查询样本选取方法明显优于其他三种方法。特别是当采用率在[0.2, 0.6]区间时，本章所提方法相较其他三种方法，可提高超过 2%的准确率。此时，查询样本数量大大少于公共样本数量，这也就意味着安全和隐私能得到更好的保护，而通过本章所提方法，一样能使性能得到较大提升，与采用公共样本全集相比未显著下降。

（6）测试准确率。图 5.2（f）给出了采用自适应约束阈值与采用固定约束阈值两种方法时，在萃取与自学习阶段测试准确率的变化情况。图 5.2（f）中较窄的槽段对应自学习阶段，较宽的槽段对应萃取学习阶段。与固定约束阈值方法相比，自适应约束阈值方法可以带来非常显著的性能提升，大大加快了训练进程，可以用少得多的咨询次数（意味着更少的隐私损失）获得较高的准确率。可以发现，对于采用固定约束阈值的方法，在起初几次的萃取学习中几乎没有学到任何知识，准确率始终在 10%左右。这意味着，固定约束阈值会明显降低批损失函数对指导学生模型训练的效用。此外，可以发现，自学习过程也可以加快模型训练。在萃取与自学习阶段的起始部分，学生模型可以在不泄露隐私的情况下，通过自学习迅速增加预测准确率；而在后续部分，学生模型可以通过自学习，避免萃取学习陷入局部最优解。

5.3.2　安全隐私性能分析

本节在 MNIST、SVHN、CIFAR-10 三个数据集上检验数据安全与隐私保护方面的性能。MNIST 和 SVHN 是分别包含 60000 个和 73000 个训练样本的数字图像数据集。随机选取 40%的 MNIST、SVHN 训练样本作为公共数据集。对于 MNIST，采用改进的 Conv-Small 网络作为教师模型；对于 SVHN，采用 Conv-Middle 网络作为教师模型；学生模型如表 5.1 所示。对于 MNIST，选取教师模型的第 4 层作为提示层，选取学生模型的第 7 层作为被指导层；对于 SVHN，选取教师模型的第 2 层作为提示层，选取学生模型的第 3 层作为被指导层。

对于 MNIST，RONA 在满足 $(7.68, 10^{-5})$-差分隐私准则的情况下，达到 98.64%的准确率；对于 SVHN，RONA 在满足 $(7.03, 10^{-6})$-差分隐私准则的情况下，达到 92.90%的准确率。这个性能超过了文献[93]中汇报的性能：在 MNIST 数据集上，满足 $(8.03, 10^{-5})$-差分隐私准则，准确率达到 98.10%；在 SVHN 数据集上，满足 $(8.19, 10^{-6})$-差分隐私准则，准确率达到 90.66%。同时，与最新的文献[102]相比，RONA 也取得了可比的性能，在文献[102]中，在

MNIST 数据集上，满足 $(1.97,10^{-5})$ -差分隐私准则，准确率达到 98.5%；在
SVHN 数据集上，满足 $(4.96,10^{-6})$ -差分隐私准则，准确率达到 91.6%。虽然
这个结果比 RONA 的结果略优，但该文献未考虑模型压缩的问题，使用了更
复杂、性能更强大的基础网络。在 CIFAR-10 上，RONA 在满足 $(8.87,10^{-5})$ -
差分隐私准则的情况下，达到 81.69% 的准确率，优于文献[72]中满足
$(8.00,10^{-5})$ -差分隐私准则情况下，达到 73% 的准确率。RONA 在 CIFAR-10
数据集上的性能甚至优于基于云的方案[107]，该方案的准确率为 79.52%。

图 5.3 给出了在不同的隐私保护预算下，由 RONA 训练得到的学生模型
在三个数据集上的分类准确率。图 5.3 中的"Base"表示学生模型训练过程中
不咨询教师模型。图 5.3 中结果显示，随着隐私保护预算的增加，模型的分类
准确率在上升。这是由于当隐私保护预算增加时，教师模型的知识可以更多、

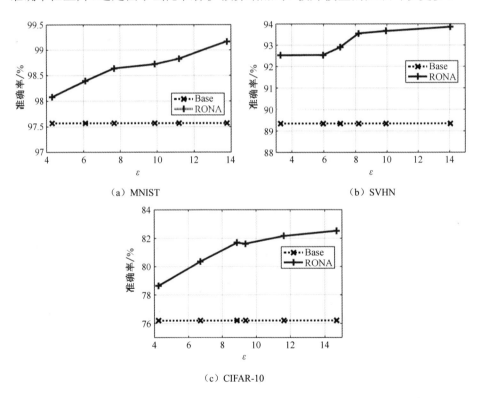

（a）MNIST　　　　　　　　　　（b）SVHN

（c）CIFAR-10

图 5.3　学生模型分类准确率随隐私保护预算 ε 的变化情况

更准确地传递到学生模型中，从而提升学生模型的性能。得益于本章提出的各项技术，即使当隐私保护强度很高时（$\varepsilon \approx 4$），学生模型的精度仍然高于"Base"，这表明教师模型仍能指导学生模型提高分类性能。此外，可以发现，当隐私保护预算增加时，学生模型在 CIFAR-10 上准确率的提高程度要高于在 MNIST 与 SVHN 上的。考虑 CIFAR-10 数据集的分类难度远高于 MNIST 与 SVHN，说明在困难的分类任务上咨询教师模型对提升学生模型性能更有价值。

在上一组实验中，我们从原始训练样本中随机选取一部分作为公共数据集。下面，我们在 MNIST 数据集上，进一步检验更严格的情况：将所有包含数字 6 和 9 的图像视为敏感数据，即公共数据集中不存在数字 6 和 9。这种隐藏样本的方式模拟了现实中某些特定类别的数据高度敏感这一特殊情况。对于学生模型而言，在训练过程中将不会遇到 6 和 9。根据表 5.3 给出的结果，在没有教师模型指导的情况下，学生模型无法分辨 6 和 9，在这两个类别上的分类准确率为 0。在 RONA 的帮助下，教师模型关于 6 和 9 的知识可以在有意义的隐私保护下转移到学生模型中，大幅度地提高学生在分辨这两个从未见过的图像上的性能。

表 5.3　隐藏特定类别样本时学生模型的性能/%

类　别	算　法			
	Base	RONA		
		$\varepsilon = 5.2$	$\varepsilon = 8.7$	$\varepsilon = 29.8$
整体性能	79.87	80.93	88.48	90.35
分辨未见过图像的性能	0.00	9.59	46.75	53.43

5.3.3　模型压缩性能分析

本组实验将检验 RONA 框架的压缩性能。分别选取三个数据集上 80% 的训练样本作为公共样本。对于 MNIST、SVHN、CIFAR-10，分别要求满足 $(9.60, 10^{-5})$-差分隐私准则、$(9.83, 10^{-6})$-差分隐私准则、$(9.59, 10^{-5})$-差分隐私准则。为了检验模型在实际平台上的运行性能，我们将所有模型部署于包含四核 ARM Cortex-A53@2.3GHz 和四核 ARM Cortex-A53@1.81GHz 的 ARM 计算平台上。所有模型连续处理 100 张图像。

我们在三个数据集上，分别测试了一种教师模型和两种不同大小的学生模型的性能。表 5.4 给出了各模型的性能结果。表 5.4 中的结果显示，更大的模型在分类准确率上表现更好，这符合一般常识。在三个数据集上，由 RONA 训练得到的学生模型可以在大幅度压缩模型、使用更少训练数据的情况下，达到与教师模型可比的分类准确率。在 MNIST 上，学生模型可以达到 15×压缩率和 11×加速，而仅仅降低 0.2%准确率。在 SVHN 上，学生模型以损失少于 1%准确率的代价，获得 20×压缩率和 19×加速。在 CIFAR-10 上，模型被压缩 1/6，而准确率下降少于 2%。上述结果表明，RONA 能以一个可接受的准确率损失为代价，大幅度压缩复杂、庞大的深度神经网络，并有意义地保护敏感数据的安全与隐私。

表 5.4　压缩性能

算　法		性能指标		
		模型大小	耗时/s	准确率/%
MNIST	T	155.21KB	0.76	99.48
	S1	4.97KB	0.03	98.94
	S2	9.88KB	0.07	99.28
SVHN	T	1.41MB	7.34	96.36
	S1	0.04MB	0.29	94.49
	S2	0.07MB	0.39	95.39
CIFAR-10	T	3.12MB	13.92	86.35
	S1	0.15MB	0.93	82.14
	S2	0.52MB	3.1	84.57

为进一步验证不同大小的模型对计算平台的负载影响，我们分别在 ARM 计算平台上部署三个数据集的教师模型和 S2 学生模型。分别连续处理 4000 张 MNIST 图像、2000 张 SVHN 图像和 1000 张 CIFAR-10 图像。图 5.4 给出了运行不同模型时的 CPU 状态，图 5.4 中两条垂直虚线表示图片识别任务的开始和结束。

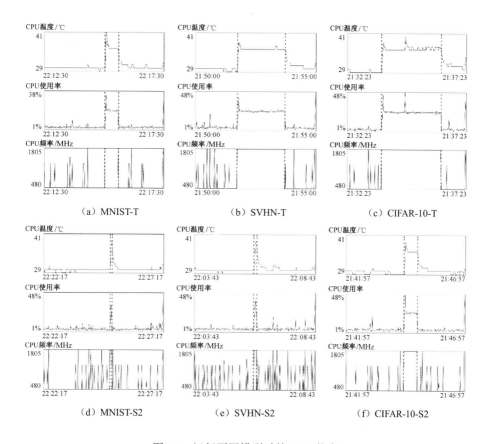

图 5.4　运行不同模型时的 CPU 状态

图 5.4 显示，当开始运行深度神经网络时，CPU 负载急剧上升。特别是运行深度神经网络时，CPU 温度明显升高，这是高能耗的一个明显标志。在运行这些模型时，CPU 使用率达到了 25% 甚至更高，其中一个 CPU 核满负载运行时，CPU 速度为 1805MHz。根据 ARM Cortex-A53 的能耗分析[50]，当 CPU 速度为 1805MHz 时，CPU 功耗为 790mW。结合表 5.4 中给出的运行时间，运行 CIFAR-10-T 模型处理一张图像的能耗大约可达 110mJ。

上述结果说明，在 ARM 计算平台上运行深度神经网络会给计算平台带来很大的计算负载。直接在算力有限、续航力有限的终端设备上部署大型深度神经网络是不合适的。通过本章提出的模型压缩方法，可大幅度压缩模型规模，减少模型处理图片所需的运行时间。压缩大型、复杂的神经网络是在终端设备上部署这些模型的一个必备步骤。

5.4　本章小结

　　本书采用先进的深度神经网络进行信息处理工作，然而当终端设备与云中心无法保持通畅的数据传输时，终端设备必须依靠自身算力来使用深度神经网络处理数据，这给算力有限、续航力有限的终端设备造成了极大的性能负担。所以，采用一般训练方法，直接在终端设备上部署高性能的数据处理模型是不可行的。此外，直接部署原始神经网络会带来无法控制的数据与模型安全隐患。针对上述问题，本章提出了一种基于知识萃取的智能模型压缩方法，在云中心训练一个可直接部署于终端设备的精简、高效的智能模型。该方法遵循教师-学生训练模式，将嵌入于复杂、庞大的教师模型中的知识分阶段地萃取并转移到学生模型中，以此提高简化的学生模型的性能。为了保护原始训练数据与原始模型的安全与隐私，所有转移到学生模型上的知识均被施加了满足差分隐私准则的扰动。此外，我们设计了一种以批次为单位的查询样本选取方法，在保证性能的前提下，显著减少了查询次数，进一步增强了安全与隐私保护效果。一系列数值实验与实际部署实验表明，本章所提方法能以损失微小的准确率为代价，大幅度压缩深度神经网络，并有效保护数据与模型安全。

　　在后续工作中，我们将研究新的知识萃取方法，将更多、更准确的知识从教师模型中萃取出来，并将其有效地转移到学生模型上。本章所提方法一次仅能训练出一种学生模型，可见，在性能异构的终端设备上部署一种大小、性能统一的模型显然适应能力不足。后续我们将研究如何通过一次云中心训练便可得到大小可变、性能可调的学生模型，增强智能模型在不同终端设备上部署的自适应能力。

第 6 章

基于联邦学习的云边端协同智能模型训练

考虑终端设备的计算和存储资源均受限，当后方云数据中心可达时，应充分利用后端计算资源，实现终端智能信息处理模型的调整与训练。联邦学习作为一种物联网和移动计算领域新兴的分布式学习方法，可以有效组织终端设备和后方计算资源，在云-端体系支撑下实现智能模型的持续训练。有鉴于此，本章考虑将联邦学习方法引入终端智能信息处理模型持续训练问题中，为终端智能学习提供方法支撑。然而，传统联邦学习方法对于网络吞吐量的要求过于严格，容易受到不可靠网络和动态带宽的影响，难以在复杂网络环境下发挥应有效能。

本章针对无线网络环境下联邦学习的通信瓶颈，基于云边端融合计算模式和终端设备自适应学习架构，提出了一种自适应压缩的分层联邦学习框架，并在此基础上设计了一种自适应压缩的分层联邦学习算法。该算法可以根据网络情况自适应地进行梯度信息压缩，结合参数分块和多级聚合进一步缓解终端智能模型学习训练中的通信瓶颈。该算法的收敛性得到了理论分析结果的支持。图像分类、情感分析、文本预测等典型智能学习任务的实验结果对其在无线网络环境下的优越性和有效性进行了验证。

6.1 引言

6.1.1 问题分析

面对终端智能信息处理的多样化需求，预先训练的智能模型在部署到终端设备后面临着能力失效的风险。例如，用于目标识别的图像分类器在运行过程中可能遇到超出学习样本范围的全新实体，导致预先训练的智能模型无法进行有效判别。因此，必须让终端智能模型具备随着运行过程的发展不断演化，利用终端设备不断产生的新数据持续训练模型，形成迭代演化的终端智能信息处理能力。

与此同时，物联网和手持终端的广泛普及，使得终端设备所产生的数据呈现指数级增长趋势。这些数据给智能模型的进一步提升提供了有效支撑，但也面临着不可避免的挑战。无线网络环境下，终端设备与云中心之间的通信链路不稳定且传输消耗高，可能导致大量数据被滞留在终端设备中，形成互不相连的数据孤岛。由于智能模型训练通常需要消耗大量计算资源，很难在终端设备独立完成数据到智能的转换，亟须探索新的终端智能模型训练方法。

近年来，新兴的联邦学习[108]方法为后端可达情况下终端智能信息处理能力提升提供了可行方案。该方法将海量数据保存在终端设备本地，通过云和端之间的协同，实现终端智能模型的学习训练。然而，现有的 FedAvg[109]等主流联邦学习算法普遍采用 C/S（Client-Server）范式，不足以适应无线网络，特别是在战场或灾害等恶劣环境通信条件下将面临巨大挑战，具体包括以下方面。

（1）信息传输易丢失。实际运行过程中，终端设备与后方云中心之间的信息传输链路易受影响，链路调度、无线干扰等情况均可能导致通信链路间歇性中断，造成难以挽回的信息丢失现象。

（2）网络吞吐量受限。联邦学习方法中，所有终端设备都需要将本地的智能模型参数上传到云中心，这对网络吞吐量提出了极高要求。而无线网络环境下，终端设备通信可能受限，有限的网络承载能力难以保障这一模式的高效运转。

（3）带宽变化高实时。终端设备的网络带宽动态变化，在联邦学习方法所采用的分时同步训练机制中，所有节点都需要等带宽最小的节点完成数据传输才能进行下一轮训练，造成了大量带宽浪费，增加了不必要的等待时间。

为了迎接上述挑战，本章结合云边端融合计算模式，提出了一种可以根据网络状况进行自适应压缩的分层联邦学习框架（Cecilia 框架），设计了一种自适应压缩的联邦学习算法（ACFL 算法），并从理论和实验两个维度对所提出方法进行分析验证。具体而言，Cecilia 框架立足于网络分层、参数分割和通信压缩三个方面解决联邦学习方法的通信瓶颈。在网络分层方面，该框架将端-云的模型参数上传链路缩短为端-边和边-云模式，减轻终端智能模型上传对端-云链路的负担；在参数分割方面，该框架将用于共享的完整模型参数划分为多个子块，并分别交给不同的边缘节点进行参数聚合，缓解因通信链路间歇性中断而产生的信息丢失问题，降低不可靠网络对于训练性能的影响；

在通信压缩方面，针对网络带宽动态变化这一问题和联邦学习等分布式学习方法中存在大量冗余参数交换[110]这一现象，该框架根据动态变化的网络带宽对边缘节点间共享的参数信息进行自适应压缩，从而降低联邦学习过程中的通信资源消耗，平衡分时同步机制中的等待时间。ACFL 算法瞄准分布式学习领域梯度压缩方法的最新成果，将 Choco-gossip[111]中的梯度压缩机制引入联邦学习方法中，集成 Cecilia 框架在参数分割和网络分层的功能设定，并基于平均一致性理论对其进行收敛性分析验证。相比 FedAvg[109]和 C-FedAvg[112]这两类联邦学习算法，本章所提框架和方法在图像分类、情感分析和文本预测等典型智能学习任务上表现出了良好的性能。

本章余下部分组织如下：6.2 节介绍了联邦学习、不可靠网络和通信压缩方面的相关知识；6.3 节说明了 Cecilia 框架及其工作原理；6.4 节给出了算法及理论分析结果；6.5 节对所提出的方法进行实验验证；6.6 节总结了本章内容。

6.1.2 相关工作

在联邦学习框架下，云中心通常不直接进行智能模型的学习训练，而是将云中心用作终端智能学习过程的协调者，终端智能模型的训练过程在终端本地进行，云中心只负责参数汇聚和汇聚后的模型参数下发[108]。其与传统云中心训练模式之间的区别如表 6.1 所示。

表 6.1 联邦学习方法与传统云中心训练模式之间的区别

比较维度	联邦学习方法	传统云中心训练
训练参与	随机不确定参与训练（节点失效退出）	确定性事件
节点能力	大量不平衡的异构节点	能力相当的不同线程/虚拟机
地理分布	大规模，极其分散（遍布不同物理区域）	位于一个或多个云中心
数据样本	非独立同分布，新数据实时产生	独立同分布，数据已经预处理过
通信条件	不稳定，带宽有限	相对稳定，带宽充裕

实践表明，以联邦学习[112]为代表的该类技术对于大规模分布式智能移动

节点具有良好的适应性，可以支持终端节点持续、稳定地进行智能模型精调。在 Google 公司给出联邦学习的一般性描述以后，Konečný 等人从优化问题的角度给出了联邦学习的基本解释[113]，基于联邦学习的大量理论和实践研究开始涌现。例如，Chen 等人[114]采用联邦学习技术提出了一种学习 out-of-vocabulary 词汇的方法；Ramaswamy 等人[115]利用联邦学习实现了面向手机输入法的表情包预测；Chen 等人[116]针对需求推荐问题提出了一种联邦元学习架构；Sozinov 等人[117]基于联邦学习设计了一种面向智能手机的人类行为识别方法。

针对其中的梯度更新问题，Shokri 等人[71]提出 SSGD 协议，允许各用户有选择地上传本地的模型参数，同时尽可能地减少协同训练中的精度损失。在 SSGD 协议的基础上，Mcmahan 等人[109]进一步提出了 FedAvg 算法，解决了联邦学习中用户端梯度更新不平衡的问题。目前，FedAvg 算法已经得到了广泛的认可，并作为重要组成部分被集成到 Google 最新设计的联邦学习系统中[118]。为了进一步提高 FedAvg 算法的有效性，Konečný 等人[112]通过 structured update 和 sketched update 两种方式降低其上行链路需求，Chen 等人[119]引入异步学习和时间加权聚合机制减少其同步过程中的等待时间，Sattler 等人[120]基于 top_k 梯度稀疏方法缓解其通信开销。

与此同时，部分学者也针对联邦学习中的参数聚合频率问题开展研究，以控制终端节点在训练过程中的资源开销。具体而言，Hsieh 等人[121]提出了近似同步并行模型（ASP 模型）并基于此开发了 Gaia 系统；Wang 等人[122,123]基于梯度的收敛性分析，开发了一套用于在本地更新与全局更新中实现最佳权衡的算法。Nishio 等人[124]研究了资源约束下用户端的更新选择问题，开发了 FedCS 协议，用于聚合尽可能多的用户更新来加速云端共享模型的训练速度。

总体而言，以联邦学习为代表的分布式学习训练方法在关键技术突破和应用场景落地等方面已经得到了较为充分的研究，得到了广泛认可。然而，考虑终端设备所处网络环境动态变化、带宽受限等因素的制约，现有联邦学习方法中两层汇聚框架及将所有参数集中到云中心进行汇聚的方式面临诸多挑战，严重影响终端智能模型的学习训练性能。

6.2 预备知识

本节将从联邦学习、动态带宽、不可靠网络和梯度压缩入手，对相关背景知识进行梳理，以为算法设计和理论分析部分内容提供模型支撑。

6.2.1 联邦学习

根据 Google 公司对联邦学习的定义[108]，联邦学习首先是一类特殊的优化问题。这类方法通常被称为联邦优化（Federated Optimization），旨在在地理分散的数据基础上，基于分布式计算方法和局部最优目标，通过一定的信息共享机制找到全局最优解。这一优化问题中，不同的计算设备上都只拥有局部数据，不存在数据上的上帝视角。形式化地，可以将该类问题做如下描述：

$$f(w_*) := \min_{w_i \in \mathbf{R}^d} \frac{1}{n} \sum_{i=1}^{n} f_i(w_i), \quad \forall i \in \{1, 2, 3, \cdots, n\} \tag{6.1}$$

式中，f 是该问题的全局优化目标，$f_i : \mathbf{R}^d \to \mathbf{R}$ 是根据每个节点的局部数据得到的局部优化目标，$w_i \in \mathbf{R}^d$ 为 f_i 的可行解。

在求解联邦优化问题时，首先由每个计算设备分别根据其本地数据搜索 f_i 的解 w_i；然后，这些计算设备并行地将解 w_i 上传到云服务器中，云服务器使用特定的算法 f_{agg}（如 FedAvg[109]、FSRRG[112]等）对这些解进行聚合，以获得一个合理的全局解 w_*，即

$$w_* = f_{\text{agg}}(w_1, w_2, \cdots, w_n) \tag{6.2}$$

此时，云服务器也被称为参数聚合器。

然后，参数聚合器将全局解 w_* 发送给每个计算节点。收到 w_* 的计算节点用其替代本地原来的解 w_i，并以其为起点开始新一轮的最优解搜索和参数聚合。之后，计算节点和聚合器不断重复这一过程，直到所有 w_i 都收敛到一个全局最优解。

为了加快式（6.1）的收敛速度，不同计算设备进行局部搜索的 w_i 之间的差异应尽量控制在一定范围。可以采用 L_2 正则化方法衡量 w_i 之间的差异大小，即

$$\sum_i^n \| w_i - \overline{w} \|_2^2 \leqslant c \tag{6.3}$$

式中，c 表示 w_i 与其平均值 $\overline{w}$ 的总体差异，$c \in \mathbf{R}^+$。

在此基础上，将联邦优化中的解看作神经网络等智能模型的参数，将优化目标看作损失函数，即可以构建一个联邦学习问题。在联邦学习问题中，每个节点的优化目标 f_i 可以定义为

$$f_i(w) := \mathbb{E}_{\xi_i \sim D_i} F_i(w, \xi_i) \tag{6.4}$$

式中，$F_i : \mathbf{R}^d \times w \in \mathbf{R}$ 为损失函数，ξ_i 为数据集 D_i 中的样本。

此时，解 w 是智能模型的参数。对于解的搜索可以采用随机梯度下降等经典的智能模型训练方法。通过不断计算 F_i 的梯度并按照学习率 η 更新当前的解 w_i。

$$g_i^{(t)} = \nabla F_i(w_i^{(t)}, \xi_i^{(t)})$$
$$w_i^{\left(t+\frac{1}{2}\right)} = w_i^{(t)} + \eta g_i^{(t)} \tag{6.5}$$

式中，$t \in \{0, 1, 2, \cdots\}$ 是进行联邦学习的迭代次数。

在不同计算节点搜索得到解 $w_i^{\left(t+\frac{1}{2}\right)}$ 后，可以用式（6.2）中的聚合算法 $f_{\text{agg}}(\cdot)$ 对其进行聚合，然后用与联邦优化相同的方式进行迭代求解。

6.2.2　动态带宽和不可靠网络

动态带宽和不可靠网络是本章进行联邦学习研究所必须解决的重要问题。在动态带宽的形式化描述方面，Wang 等人在文献[122]中将其描述为执行联邦学习期间可使用的网络资源预算。这一方式可以有效控制联邦学习过程所产生的通信总量，但无法描述带宽资源变化的瞬时特征。因此，我们利用每个时隙的平均带宽来描述有限的网络资源，以便根据链路条件对联邦学习进程进行动态调整。

不失一般性地，假设同一时隙 $[t_i, t_{i+1}]$ 内带宽 $b(t_j)$ 是固定不变的，根据

$$\int_{t_i}^{t_{i+1}} b(t)\mathrm{d}t = \overline{b}^{(t_i, t_{i+1})}(t_{i+1} - t_i) \qquad (6.6)$$

可以用 $\overline{b}^{(t_i, t_{i+1})}$ 表示这段时间的带宽状态。

更进一步，可将 $\overline{b}^{(t_i, t_{i+1})}$ 视为联邦学习过程中每次参数信息上传或模型下载的带宽。即在同一次上传/下载事件内，网络带宽相同，在不同上传/下载事件内，网络带宽不同。为了便于书写，在本章接下来的部分中将其记为 $b^{(t)}$，$t \in 0, 1, 2, \cdots$，即其对应的迭代次数①。

在不可靠网络的形式化描述方面，Yu 等人在文献[125]中将其描述为 "每次信息传输都会以非零概率 p 丢包"。这一定义的好处是可以通用于各类不可靠网络条件下的分布式学习问题，但是当节点间传输数据包的大小发生变化时，这种描述并不合理。在实际情况下，对于同一链路，数据包越大，传输时间越长，发生丢包的可能性也越大。因此，我们采用如下方式对不可靠网络进行描述，即

$$p = 1 - (1 - p_b)^M \qquad (6.7)$$

式中，p_b 是传输每比特信息的丢包概率，M 是所需传输数据包的总比特数。

6.2.3　梯度压缩

为了缓解联邦学习的通信开销，Mcmahan 等人[109]首先在 FedAvg 算法中采用增加每轮迭代中本地训练次数的方法，降低参数上传频率，从而减少通信资源开销；该方法实际上是使用终端设备中预留的计算资源来弥补通信资源的不足。然而，考虑终端设备的计算资源同样紧张，一味通过增加计算开销来节约通信资源的方式并不可取。

因此，考虑采用梯度压缩的方式，减少每次信息传输的通信总量。出于同样的动机，Konečný 等人[112]和 Sattler 等人[120]设计了一些针对联邦学习的压缩算法，并通过实验验证了其有效性。但这些算法过于单一，且相互的关联和对于梯度压缩带来的影响描述还不够具体。为此，我们首先对梯度压缩及其信息损失进行量化分析。

---

① 这里的带宽上限是指分配给联邦学习任务的带宽，而不是这些节点实际的最大带宽。

本章所有压缩算法都统一用压缩运算 $\mathbb{C}(\cdot)$ 来表示。与初始值 x 相比，经过压缩的数据 $\mathbb{C}(x)$ 会丢失部分信息。为了描述这些压缩运算带来的信息损失，Suresh 等人在文献[126]中使用了均方误差（MSE）。

$$L_{\mathbb{C}}(x) = E\left\|\mathbb{C}(x) - x\right\|_2^2, \forall x \in \mathbf{R}^d \tag{6.8}$$

式中，$L_{\mathbb{C}}(x)$ 是 $\mathbb{C}(x)$ 的信息损失值。这一信息损失值的大小与 x 的范数有关，当压缩运算和被压缩数据 x 均不同时，不同 $\mathbb{C}(x)$ 的信息损失值 $L_{\mathbb{C}}$ 是不可比的。因此，需要对这一衡量方式进行进一步调整。

一般而言，$\mathbb{C}(x)$ 的信息丢失将导致 L_2 范数减小，如稀疏化压缩运算会导致比原始数据 $x \in \mathbf{R}^d$ 更多的 0。因此，式（6.8）满足：

$$L_{\mathbb{C}}(x) = \varepsilon \left\|x\right\|_2^2, \forall x \in \mathbf{R}^d \tag{6.9}$$

式中，$\varepsilon \in [0, +\infty)$ 可以被认为是独立于 x 的压缩运算 $\mathbb{C}(x)$ 的信息损失率。当 $\varepsilon \to 0$ 时，压缩后的数据 $\mathbb{C}(x)$ 与原始数据 x 之间几乎没有区别。否则，ε 越大，丢失的信息就越多。

当 $\mathbb{C}(x)$ 将大小为 B 比特的数据 x 压缩为 B' 比特时，$\mathbb{C}(x)$ 的压缩率 r 为

$$r = \frac{B'}{B} \tag{6.10}$$

基于上述定义，目前常用的压缩运算 $\mathbb{C}(x)$ 及其信息损失率 ε 和压缩率 r 如下。

（1）稀疏化压缩方法。稀疏化压缩方法是指对模型参数向量进行稀疏化处理，使得需要被传输的模型参数数量减少。rank_k 和 top_k 是两类典型的稀疏化方法，对于原始数据 $x \in \mathbf{R}^d$，rank_k 稀疏化从中随机选择 k 个元素进行保留，top_k 稀疏化从中选择 k 个最大值进行保留。此时，$\varepsilon = 1 - \dfrac{k}{d}$ [127]，$r = \dfrac{k}{d}$。

（2）子抽样压缩方法。子抽样压缩方法是指只随机选择一部分终端参与训练并发送完整的模型参数，而未被选中的终端则不发送任何信息。即

$$\begin{cases} \mathbb{C}(x) = x, & \text{其他,} \quad p \in (0,1] \\ \mathbb{C}(x) = \text{null}, & \text{其他} \end{cases} \tag{6.11}$$

式中，p 是子抽样的概率。该方法所对应的信息损失率及压缩率为 $\varepsilon = 1 - p$，$r = p$。

（3）k-bit 量化压缩方法。k-bit 量化压缩方法是对文献[128]中所提的1-bit SGD 方法的扩展。该方法通过将较高精度的数据类型（如 float32）替换为较

低精度的数据类型（如 int8）实现梯度信息的有效压缩。需要注意的是，该方法并非简单的数据类型转化，而是通过一定的映射方法实现。以向量 $x=[x_1,x_2,\cdots,x_d]$ 为例，其 k-bit 量化压缩运算如下：

$$y_i = \begin{cases} j, & \text{以概率} \quad \dfrac{x_i - e_j}{e_{j+1} - e_j} \\ j+1, & \text{其他} \end{cases} \tag{6.12}$$

式中，e_{j+1} 是向量 x 取值范围内的 2^k-1 等分点，即 $x_i=0$、$x_i=\min\{x_1,x_2,\cdots,x_d\}$ 时，$j\in 0,1,2,\cdots,2^k-1$，$e_{j+1}\geqslant x_i>e_j$。更直观地，这一量化过程可以通过图 6.1 来表示。在将 x 的取值范围分成若干份之后，以概率 $p/1-p$ 将 x 中的每个元素 x_i 映射到对应的两个端点 e_j 或 e_{j+1} 上。其信息损失率为 $\varepsilon = \dfrac{d}{2(2^k-1)^2}$[126]，压缩率为 $r=\dfrac{k}{k_0}$，其中，k_0 为原数据类型所对应的比特数，d 为向量 x 的维数。

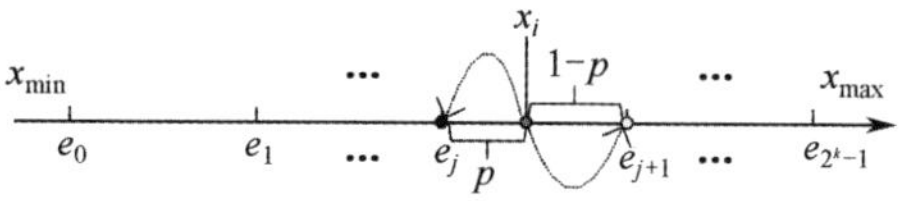

图 6.1 k-bit 量化压缩示意图

在实际使用过程中，这些梯度压缩方法可以互相结合。此时，信息损失率和压缩率可由下式得到，即

$$\varepsilon = \prod_i \varepsilon_i \\ r = \prod_i r_i \tag{6.13}$$

式中，ε_i 和 r_i 是分别采用这些压缩运算所对应的损失率和压缩率。

6.3 云边端协同联邦学习训练框架

传统的联邦学习方法将终端智能模型直接上传到云中心进行聚合，给终端与云中心之间的通信链路带来了巨大的负担。因此，我们考虑从网络分层、参数分割和通信压缩三个方面减轻网络负担。基于云边端融合计算模式，可以设计如图 6.2 所示自适应压缩的分层联邦学习框架（Cecilia 框架）。在这一框架中，智能模型所对应的参数被分成若干子块进行传输。当智能模型的参数在边缘节点和终端节点之间传输时，每个节点都根据当前网络状况自适应地进行梯度压缩。无线网络的不可靠性，使模型聚合器和终端节点之间的每次信息传输都可能遇到丢包现象。

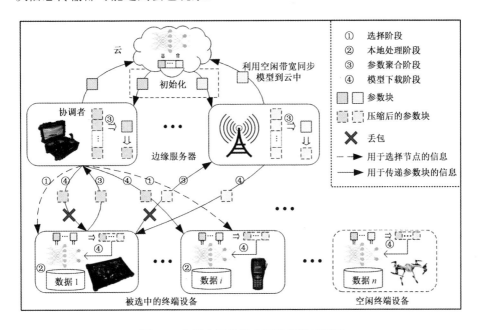

图 6.2　自适应压缩的分层联邦学习框架

Cecilia 框架由 n 台终端设备及其本地数据、m 个参数聚合器（边缘节点）及云中心组成。其中，终端设备使用本地数据进行模型训练，基于智能模型提供信息处理服务；参数聚合器下发智能模型给终端设备，并对训练过程中的模型参数进行聚合和同步；云中心下发初始化模型参数，并在训练过程中对终端智能模型进行同步备份。

从其工作流程来看，在开始进行模型训练前，Cecilia 框架首先在云中心将预训练后的智能模型分成多个子块，将其依次分配给多个边缘服务器，并选择一个边缘服务器作为协调者以同步训练进程。所有边缘服务器作为参数聚合器参与训练，并按照如下步骤不断迭代直到满足终止条件。

步骤 1：终端设备选择。协调者从所有终端设备中随机选择若干台参与本轮训练，并向被选中的终端设备发送通知信息，激活终端设备的本地训练进程。

步骤 2：本地训练。在完成终端设备选择之后，每台被选中的终端设备基于本地数据进行智能模型学习训练，并利用此时的空闲带宽资源将本轮训练前的本地模型同步到云中心。

步骤 3：参数聚合。每台被选中的终端设备将本地训练得到的模型按照聚合器数量划分为若干个参数块，根据与对应聚合器之间的网络带宽对其进行自适应压缩，并将压缩后的信息发送给对应的参数聚合器。参数聚合器在等待一定时间后对所有接收到的参数块进行聚合。

步骤 4：模型下载。每台被选中的终端设备从参数聚合器中下载聚合后的模型参数块，并根据这些参数块，更新本地模型参数。

结合其设计思路来看，Cecilia 框架在网络分层、参数分割和通信压缩方面的改进使之与经典联邦学习框架有明显区别，在终端智能信息处理场景下更具优势。该框架在边缘服务器中进行参数聚合，使得终端设备的模型参数不再需要实时上传到云中心，放松了本地模型对云同步的时限要求，实现了网络分层视角下的网络峰值控制；在终端设备-边缘服务器的模型参数传输过程中，该框架用多个参数子块替代完整的模型参数，有效降低了信息损失带来的影响，实现了参数分割视角下的平稳训练；在发送参数前根据带宽进行自适应信息压缩，使不同通信状况的节点用相近时间完成模型训练任务，实现了通信压缩视角下的训练进程同步。此外，Cecilia 框架对模型参数进行了分块，边缘服务器在执行参数聚合任务时并不知道模型的具体构造，而只能获取一些离散的数据块，这降低了从边缘服务器泄露终端智能模型及终端设备数据的风险，可以从更新机制上提升模型学习训练过程的安全性。

需要注意的是，在 Cecilia 框架中，终端设备和边缘服务器之间共享的信息不一定是智能模型本身的参数，也可以是一些基于模型参数求解得到的中间变量，如算法 6.1 第 9 行中的 $\mathcal{C}\left(w_i^{\left(t+\frac{1}{2}\right)}(j) - \hat{w}_i^{(t)}(j)\right)$。

6.4 面向动态不可靠网络的联邦学习算法

为了解决无线环境下网络不可靠、带宽动态变化、通信受限等问题，我们基于所提出的自适应分层联邦学习框架，提出了一种可自适应进行梯度压缩的在线联邦学习算法（Adaptive Compressed Federal Learning，ACFL），并在不进行数据分布假设的前提下，对其收敛性进行相应的理论分析。

6.4.1 算法设计

根据 6.3 节中所设计的框架，所有模型参数都以分块的方式进行聚合，以降低通信受限带来的影响。基于文献[111]中所提的分布式梯度压缩方法，我们设计了如算法 6.1 所示的联邦学习算法（ACFL）。其中，$N = \{n_1, n_2, \cdots, n_n\}$ 表示所有终端设备，$\hat{N}$ 表示被选中的终端设备，w_i 表示终端设备 n_i 的模型参数，$\hat{w}_i$ 表示终端设备模型参数 w_i 所对应的中间变量，$w_i(j)$ 和 $\hat{w}_i(j)$ 分别表示 w_i 和 $\hat{w}_i$ 的第 j 个分块。算法 6.1 第 6 行所对应的函数 LocalUpdate 见附录 A.1 节。

算法 6.1　自适应压缩的联邦学习算法

已知: 模型初始化参数 $w_*^{(0)} \in \mathbf{R}^d$.

求: 训练后的模型参数 $w_*^{(T)}$.

1: 将 $w_*^{(0)}$ 划分为 m 个分块，每个聚合器对应 1 个分块;

2: 初始化 $\hat{w}_*^{(0)}(j) := 0, \hat{w}_i^{(0)}(j) := 0, \hat{w}_i^{(0)}(j)_a := 0$ 及 $w_i^{(0)} := w_*^{(0)}$;

3: **for** $t = 0,1,2,\cdots,T-1$ **do**

4:　　　$\hat{N} \leftarrow$ 终端设备中随机选取的设备集;

5:　　　**for** $n_i \in \hat{N}$ **并行地 do**

6:　　　　　获取模型参数 $w_i^{\left(t+\frac{1}{2}\right)} \leftarrow$ LocalUpdate($w_i^{(t)}$) 及训练中使用的数据;

　　　　　　样本数量 d_i ;

7:　　　　　以与第 1 行代码相同的方式对 $w_i^{\left(t+\frac{1}{2}\right)}$ 进行分块；

8:　　　　　按照式（6.14）更新 $\hat{w}_i^{(t+1)}(j)$；

9:　　　　　发送 $\mathbb{C}\left(w_i^{\left(t+\frac{1}{2}\right)}(j)-\hat{w}_i^{(t)}(j)\right)$ 到 d_i 对应的参数聚合器；

10:　　　**end for**

11:　　　**for** $a_j \in A$ **并行地 do**

12:　　　　　接收来自终端设备的 $\mathbb{C}\left(w_i^{\left(t+\frac{1}{2}\right)}(j)-\hat{w}_i^{(t)}(j)\right)$ 和 d_i；

13:　　　　　按照式（6.14）更新 $\hat{w}_i^{(t+1)}(j)_a$；

14:　　　　　按照式（6.15）更新 $\hat{w}_*^{(t+1)}(j)$；

15:　　　　　将 $\hat{w}_*^{(t+1)}(j)$ 发送到所有属于 $\hat{N}$ 的终端设备；

16:　　　**end for**

17:　　　**for** $n_i \in \hat{N}$ **并行地 do**

18:　　　　　接收来自聚合器的参数 $\hat{w}_*^{(t+1)}(j)$；

19:　　　　　根据式（6.16）和式（6.17）中的策略更新本地模型参数 $w_i^{(t+1)}$；

20:　　　**end for**

21: **end for**

22: 根据式（6.18）获取全局模型参数块 $w_*^{(T)}(j)$；

23: 拼接模型参数块得到全局模型参数 $w_*^{(T)}$；

与直接发送完整模型参数的经典联邦学习方法不同，我们在所设计算法中引入了一个中间变量 $\hat{w}_i^{(t)}(j)$，然后用 $\mathbb{C}(\cdot)$ 压缩中间变量 $\hat{w}_i^{(t)}(j)$ 和参数块 $w_i^{(t)}(j)$ 的差值，并将这一差值 $\mathbb{C}\left(w_i^{\left(t+\frac{1}{2}\right)}(j)-\hat{w}_i^{(t)}(j)\right)$ 作为终端设备和聚合器之间的交换信息。中间变量 $\hat{w}_i^{(t)}(j)$ 遵循如下更新规则：

$$\hat{w}_i^{(t+1)}(j)=\hat{w}_i^{(t)}(j)+\mathbb{C}\left(w_i^{\left(t+\frac{1}{2}\right)}(j)-\hat{w}_i^{(t)}(j)\right) \tag{6.14}$$

式中，$n_i \in \mathbf{N}$，$\hat{w}_i^{(0)}=0$，$w_i^{\left(t+\frac{1}{2}\right)}(j)$ 为本地训练后的模型参数块。

对于终端设备的每个模型参数块 $w_i^{(t)}(j)$，都有一个与之相对应的中间变量 $\hat{w}_i^{(t)}(j)$。除在终端设备存储它们自己的 $\hat{w}_i^{(t)}(j)$ 外，边缘服务器也需要存储与之相连的终端设备的中间变量 $\hat{w}_i^{(t)}(j)_a$。这里，$\hat{w}_i^{(t)}(j)$ 和 $\hat{w}_i^{(t)}(j)_a$ 在训练开始时采用相同的初始化值。被选中的终端设备在进行本地训练后，将 $\mathbb{C}\left(w_i^{\left(t+\frac{1}{2}\right)}(j) - \hat{w}_i^{(t)}(j)\right)$ 发送到边缘服务器，然后执行式（6.14）中的操作更新 $\hat{w}_i^{(t)}(j)$。在收到 $\mathbb{C}\left(w_i^{\left(t+\frac{1}{2}\right)}(j) - \hat{w}_i^{(t)}(j)\right)$ 之后，边缘服务器也按照式（6.14）更新其所维护的 $\hat{w}_i^{(t)}(j)_a$，从而确保 $\hat{w}_i^{(t)}(j)_a = \hat{w}_i^{(t)}(j)$。

在收到 $\mathbb{C}\left(w_i^{\left(t+\frac{1}{2}\right)}(j) - \hat{w}_i^{(t)}(j)\right)$ 并更新 $\hat{w}_i^{(t)}(j)_a$ 之后，边缘服务器只需聚合 $\hat{w}_i^{(t)}(j)_a$ 即可。这样既节省了边缘服务器的计算资源，又避免了边缘服务器通过获取到的完整模型参数直接猜测终端设备的原始数据和模型结构。

$$\hat{w}_*^{(t+1)}(j) = \sum_i \frac{d_i}{d} \hat{w}_i^{(t+1)}(j)_a \tag{6.15}$$

式中，d_i 是终端设备 n_i 在本地训练阶段所使用的样本总数，$d = \sum_i d_i$，$\hat{w}_i^{(t+1)}(j)_a = \hat{w}_i^{(t+1)}(j)$ 被存储在边缘服务器中。

在使用式（6.15）进行聚合后，边缘服务器将 $\hat{w}_*^{(t+1)}(j)$ 发送给被选中的终端设备。在设计终端设备模型的更新规则时，我们考虑了不可靠网络和动态压缩率 $r^{(t)}$ 下的信息损失，引入步长参数 γ_t。

$$w_i^{(t+1)}(j) = w_i^{\left(t+\frac{1}{2}\right)}(j) + \gamma_t(\hat{w}_*^{(t+1)}(j) - \hat{w}_i^{(t+1)}(j)) \tag{6.16}$$

当我们将 $\hat{w}$ 替换为 w，并让 $\gamma_t = 1$ 时，式（6.16）就等价于经典的 FedAvg 算法 $w_i^{(t+1)}(j) = w_*^{(t)}(j)$。

受不可靠网络的影响，终端设备每次发送的信息都可能丢失，边缘服务器只会聚合其所接收的中间变量。此时，终端设备中不同参数块的更新规则采取以下策略，即

$$w_i^{(t+1)}(j) = w_i^{\left(t+\frac{1}{2}\right)}(j), \text{丢包} \tag{6.17}$$

之后，使用算法 A.1 中的 LocalUpdate 函数进行新一轮的本地训练，即可得到 $w_i^{\left(t+1+\frac{1}{2}\right)} \leftarrow \text{LocalUpdate}(w_i^{(t+1)})$。

最后，当达到终止条件（如完成 T 次迭代）时，可以通过对同步到云中心的每台终端设备模型块进行平均加权和拼接得到全局模型 $w_*^{(T)}$ 。

$$w_*^{(T)}(j) = \frac{1}{nS_T} \sum_{i=1}^{n} \sum_{t=1}^{T} \varphi_t w_i^{(t)}(j) \qquad (6.18)$$

式中，$S_T = \sum_{t=1}^{t} \varphi_t$ ，φ_t 的取值将在定理 6.1 中进行讨论。这里，$w_i^{(t)}(j)$ 是终端设备在进行本地训练时，利用空闲带宽同步到云中心的参数块。

6.4.2　理论分析

不失一般性地，我们对式（6.14）中的每个函数 f_i 做出如下假设。

假设：L-Smooth，即

$$\left\| \nabla f_i(w) \right\|^2 = \left\| \nabla f_i(w) - \nabla f_i(w^*) \right\|^2 \leqslant 2L(f_i(w) - f_i(w^*))$$

式中，最小值 w^* 满足 $\nabla f_i(w^*) = 0$ 。

假设：μ -Strongly Convex，即

$$f_i(y) \geqslant \nabla f_i(x) + < f_i(x), y - x > + \frac{\mu}{2} \left\| y - x \right\|^2, \ \forall x, y \in \mathbf{R}^d$$

式中，$\mu \geqslant 0$ 。

假设：Bounded Variance，即

$$\mathbb{E}_{\xi_i \sim D_i} \left\| F_i(w, \xi_i) - f_i(x) \right\|^2 \leqslant \sigma_i^2$$

$$\mathbb{E}_{\xi_i \sim D_i} \left\| F_i(w, \xi_i) \right\|^2 \leqslant \zeta^2$$

对于 $\forall w \in \mathbf{R}^d$ ，$i \in [n]$ 。

在终端信息处理场景下，数据具有大规模不平衡分布特性，这里没有对终端设备的数据分布情况进行额外假设。当上述假设条件成立时，算法 6.1 的理论收敛性可由定理 6.1 给出。

定理 6.1：在满足上述假设的前提下，当以学习率 η_t 进行本地训练，每台终端设备每次迭代使用 d_i 个数据样本，步长参数 γ_t 和平均参数 φ_t 满足以下条件时：

$$\eta_t = \frac{4}{\mu(a_t + t)}$$

$$d_1 = \cdots = d_i = \cdots = d_n$$

$$\gamma_t = \frac{\delta^2 (1 - \varepsilon_t) p_s (1 - p_{ij})^2}{16\delta + \delta^2 + 4\beta^2 + 2\delta\beta^2 - 8\delta(1 - \varepsilon_t)}$$

$$\varphi_t = (a_t + t)^2$$

算法 6.1 以如下速率收敛：

$$E(f(w_*^{(T)}) - f^*) = O\left(\frac{\bar{\sigma}^2}{\mu nT}\right) + O\left(\frac{L\zeta^2}{\mu^2 (1 - \varepsilon_{\max})^2 \delta^4 T^2}\right) + O\left(\frac{\zeta^2}{\mu(1 - \varepsilon_{\max})^3 \delta^6 T^3}\right)$$

式中，f^* 是 f 的最小值，$\bar{\sigma}^2 = \frac{1}{n}\sum_{i=1}^{n}\sigma_i^2$，$\zeta$、$\sigma_i$、$\mu$ 和 L 来自上述三个假设。δ 表示式（B.4）中 X 的第二大特征值，$\beta = \|I - X\|_2$。ε_t 为压缩损失率，其最大值为 $\varepsilon_{\max}$。a_t 的值满足：$a_t \geqslant \max\left\{\dfrac{410}{\delta^2 (1 - \varepsilon_t)}, \dfrac{16L}{\mu}\right\}$。

证明： 见附录 B。

由定理 6.1 的收敛结果可知，当 T 足够大时，可以忽略收敛速率的第 2 项和第 3 项，即随着迭代次数的增加，不可靠的网络和通信压缩的影响会逐渐降低。

6.5 实验评估

本节以图像分类、情感分析和文本预测任务为例，通过与 FedAvg[109]和 C-FedAvg[112]两个基准算法的对比，对 ACFL 算法的有效性进行实验评估。本节将首先介绍实验关于模型结构、数据集、不可靠网络、动态带宽等的参数设置；然后在所有三种任务的基础上验证 ACFL 算法的总体性能和准确性；之后，利用准确性-字节数指标对比 ACFL 算法与其他基准算法的通信效率；并对比不同压缩率下 C-FedAvg 算法和 ACFL 算法的区别；此外，我们也将分析不可靠网络对于 FedAvg、C-FedAvg 和 ACFL 三种算法实际性能的影响；

最后，不同节点规模对于 ACFL 算法性能的影响也将得到测试。

6.5.1　实验设置

1. 模型结构和数据集

图像分类、情感分析和文本预测任务分别对应一种典型的深度学习模型，包括卷积神经网络（Convolutional Neural Networks，CNN）、单词袋逻辑回归（Bag-of-words Logistic Regression，Bag-Log-Reg）和长短期记忆网络（Long Short-Term Memory，LSTM）。模型结构均采用与文献[129]相同的配置。

为了与终端信息处理场景的数据特征相吻合，所有这些任务都在具有非独立同分布、不均衡、大规模特性的数据集上进行测试①。

（1）图像分类任务使用针对联邦学习的扩展 MNIST（FEMNIST）数据集[129]，该数据集是在扩展 MNIST[130]数据集基础上，按照联邦学习场景进行数据切分得到的。FEMNIST 数据集中共有 62 个不同数据类别（包含 10 类手写数字、26 类小写字母和 26 类大写字母）的图像，这些图像被分给了 3500 个不同的用户。

（2）情感分析任务使用 Sentiment140[131]数据集，该数据集包含 660120 个推特用户的推文，其对于情感的标记和分类依据推文中所包含的表情符号构建。

（3）文本预测任务基于莎士比亚作品进行[109]，该数据集将《莎士比亚全集》中的每个不同角色作为一个用户，并将每个角色的讲话内容抽取出来作为一条独立数据，经过抽取分割后，该数据集中共有 2288 个用户。

基于这些数据集和模型，我们选择 FedAvg、C-FedAvg 算法作为与 ACFL 进行比较的基准算法。

2. 联邦学习参数设置

对于联邦学习的参数设置，我们将所选边缘服务器的默认数量设置为 5。每个模型和数据集上三种算法的迭代次数和学习率都接近于 LEAF 中的给定

---

① 这些数据集及其对应的深度学习模型来自 LEAF[129]，其是一种联邦学习的基准测试库，代码已由 Caldas 等人开源。

值，即 CNN 的学习率为 0.01，迭代次数为 120 次；Bag-Log-Reg 的学习率为
0.005，迭代次数为 40 次；LSTM 的学习率为 0.08，迭代次数为 40 次。此外，
联邦学习过程中的占用带宽由与其选择和聚合阶段相对应的时间来描述。通
常，为了确保边缘节点数据的成功上传，FedAvg、C-FedAvg 算法中每次迭代
都有一定的冗余时间。因此，我们在 FedAvg 算法中通过将模型大小除以最小
带宽来定义每个迭代的时长 t_{re}，在 C-FedAvg 算法中所对应的时常为 $\lceil r \times t_{re} \rceil$，
其中 r 是压缩率。由于采用动态压缩率，我们所设计的 ACFL 每次迭代的时
间均为 1，而每台终端设备节点则根据带宽和迭代时间调整梯度压缩率，以满
足可用通信开销的限制。

3. 不可靠网络和动态带宽

我们以每次信息传输的丢包率来描述网络的不可靠性。为了便于不同模
型之间的比较，式（6.7）中 p_b 的值按照传输整个模型所对应的丢包率进行计
算。例如，对于一个在 FedAvg 中丢包率为 0.1、大小为 10MB 的神经网络模
型，其 p_b 的值为 $1-(1-0.1)^{\frac{1}{10}} \approx 0.01$。这里，我们取式（6.7）中 M 的单位量
纲为 MB。在本章的其余部分，如果没有特殊指明，p_b 的值满足：没有进行
任何梯度压缩时，每次传输整个模型的丢包概率为 0.1。此时，ACFL 和 C-
FedAvg 中的梯度压缩将降低数据包的丢失概率。

终端设备的带宽根据我们在智能手机中实际收集到的数据进行设置。我
们在湖南长沙收集了一周内不同时间段，15 台不同类型的智能手机（包括华
为 P10、Mi6、魅族 Pro7、vivo X27 等）在 3 家电信运营商（中国移动、中国
联通和中国电信）及 2 种通信方式（Wi-Fi 和 4G）下的 500 条真实带宽数据，
并通过随机插值将其扩展为 10000 条记录；然后，通过从这些记录中随机抽
样作为每台终端设备每次迭代的最大可用带宽。

4. 梯度压缩方法的选择

在经典的 FedAvg 算法中，在终端设备选择阶段对终端设备的随机选择本
质上是一种子抽样梯度压缩方法。我们设置 FedAvg、C-FedAvg 和 ACFL 的
每轮训练过程都随机选择 20% 的终端设备参加训练。

对于 ACFL 中所采用的自适应通信压缩方法选取，我们首先测量对于一个1000×1000的矩阵进行 k-bit 量化、最大值稀疏化和随机稀疏化梯度压缩的时间开销，得到如图 6.3 所示测试结果。根据该结果，当压缩率低于 $\frac{2}{32}$ 时，k-bit 量化的时间开销小于最大值稀疏化的时间开销。但是随着压缩率的增加，k-bit 量化的时间开销呈指数增长，而稀疏化压缩方法没有明显变化。此外，稀疏化压缩方法可以实现任何大小的通信压缩，而 k-bit 量化只能压缩为一些固定值，如 $\frac{1}{32}$、$\frac{8}{32}$ 等。因此，k-bit 量化不适合压缩率的自适应调整。同时，最大值稀疏化的时间开销大约是随机稀疏化的 83 倍，并且二者的信息损失率和压缩率相同。因此，我们在 C-FedAvg 和 ACFL 中使用随机稀疏化进行通信压缩。在本章的实验中，我们选择 0.25 作为 C-FedAvg 的压缩率。在随机稀疏化之后，传输的数据等效于稀疏矩阵。为了减少该稀疏矩阵占用的传输空间，在随机稀疏化时，我们使用随机种子作为掩码，即只需要传输掩码和非零数据列。

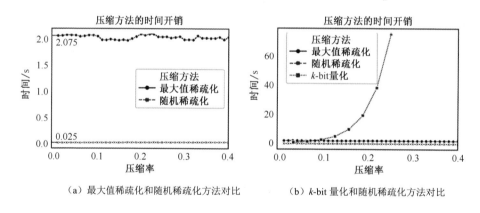

（a）最大值稀疏化和随机稀疏化方法对比　　　（b）k-bit 量化和随机稀疏化方法对比

图 6.3　最大值稀疏化、k-bit 量化和随机稀疏化方法的时间开销

6.5.2　整体性能比较

首先对 ACFL、FedAvg 和 C-FedAvg 在本章实验设置下的整体性能进行比较。这些算法及其相应的通信带宽占用、带宽利用率、每次迭代的平均时

间成本、平均压缩率和准确性如表 6.2 所示。在 6.2 表中，Ⅰ、Ⅱ和Ⅲ分别是 CNN、Bag-Log-Reg 和 LSTM 的结果。在每个结果中，第一行与 FedAvg 相对应，第二行与 C-FedAvg 相对应，第三行与 ACFL 相对应。每次迭代中所花费的时间由最小带宽和模型大小确定。由于 CNN 的模型大小比其他模型大得多，因此每次迭代的时间成本最高。实验中的带宽占用定义为联邦学习过程分配的带宽，这意味着发送的信息的大小通常小于占用的带宽。

表 6.2　FedAvg、C-FedAvg 和 ACFL 的总体性能对比

算法/ 指标	每次迭代的时间 开销/s	占用带宽/ (MB/s)	平均每轮发送信息 大小/ (MB/s)	平均带宽 利用率	平均 压缩率	准确性
Ⅰ	17	3.19	0.296	9.28%	—	94.087%
	5	0.73	0.074	10.21%	25.00%	81.372%
	1	0.17	0.159	93.12%	54.00%	94.492%
Ⅱ	3	1.04	0.068	6.53%	—	61.806%
	1	0.32	0.017	5.28%	25.00%	49.569%
	1	0.34	0.068	20.00%	99.45%	65.411%
Ⅲ	3	1.06	0.069	6.53%	—	51.224%
	1	0.41	0.017	4.27%	25.00%	34.995%
	1	0.38	0.069	18.04%	96.53%	51.768%

根据表 6.2 中的结果，ACFL 的带宽利用率大于 FedAvg 和 C-FedAvg。这是因为 FedAvg 和 C-FedAvg 设置了较大的迭代时间 t_{re}，以确保选定的终端设备可以在动态带宽下上传本地模型，而 ACFL 可以自适应地调整模型压缩率以有效地利用可用带宽。这也允许 ACFL 以更小的带宽发送更多数据。另外，由于一次迭代的时间更短，因此在相同条件下，ACFL 可以完成更多次训练，从而加快了联邦学习的速度。需要注意的是，CNN 中 ACFL 的平均压缩率为 54.00%，而 Bag-Log-Reg 和 LSTM 中没有明显的压缩。这是因为 CNN 模型大于其他模型，并且当单次迭代时间仅为 1s 时，大部分带宽无法完成。出于同样的原因，ACFL 在较大的模型（如 CNN）中显示出 93.12% 的高带宽利用率，在 Bag-Log-Reg 和 LSTM 中仅显示了 20.00% 和 18.04% 的带宽利用率。

由于该方法减轻了通信瓶颈的影响，ACFL 在准确性方面也取得了较好

的效果。ACFL 在三个任务中的训练效果明显优于固定压缩率的 C-FedAvg。此外，由于 ACFL 采用块数据传输和分层参数聚合机制，有效降低了网络不可靠对训练的影响。在通信开销比 FedAvg 小得多的情况下，ACFL 达到了 FedAvg 的训练效果。ACFL 每次迭代花费的时间比 FedAvg 短，ACFL 的实际训练速度比 FedAvg 快。

6.5.3   准确性比较

为了从准确性上比较这三种算法，我们通过 CNN、Bag-Log-Reg 和 LSTM 的典型模型分析 ACFL、FedAvg 和 C-FedAvg 算法的准确性，结果如图 6.4 和图 6.5 所示。

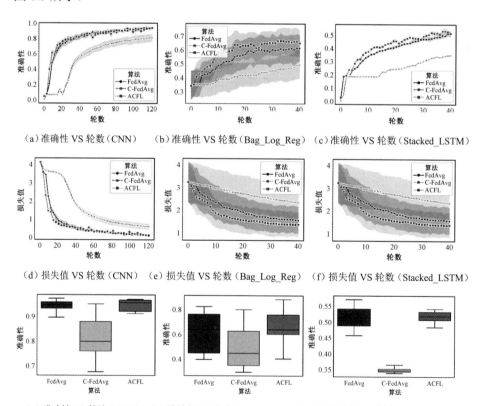

图 6.4   ACFL、FedAvg 和 C-FedAvg 的准确性

在图 6.4（a）～图 6.4（f）中，每条线周围的阴影表示不同终端设备的准确性或损失值的分布，而线则表示这些终端设备的准确性或损失值的平均值。在训练过程中，ACFL 可以在 Bag-Log-Reg 和 LSTM 等小型模型上获得比 FedAvg 更好的训练效果。这是因为当模型较小时，ACFL 几乎不需要执行模型压缩，并且可以很好地保留基本信息。除了算法 6.1，我们还设计了更好的模型共享机制，这使 ACFL 总体上可以获得更高的准确性，并且在模型较小时可以显示出更好的训练结果。

从这些图中还可以看出，在所有类型的模型训练开始时，C-FedAvg 的准确性相对较差。这是因为参数需要在模型训练开始时进行较大的更新，并且在通信压缩期间 C-FedAvg 丢失的信息会导致更新较少。当训练持续一段时间后，这种逐渐的变化就消失了，准确性开始迅速提高。这是因为经过一段时间的训练后，模型中的参数已基本调整，尽管仍然存在一些信息丢失，但微调足以提高模型的准确性。

从终端设备的模型分布的角度来看，Bag-Log-Reg 的准确性差异最大，并且在训练过程中难以有效控制，但是 ACFL 的分布更加集中。更直观地，在训练结束时每台终端设备中的模型准确性分布可以在图 6.4（g）～图 6.4（i）的箱线图中看到。经过 ACFL 训练的终端设备在 Bag-Log-Reg 的上下四分位数之间的距离最小。对于 CNN 和 LSTM 等模型，尽管 ACFL 并不是最准确的分布，但与 FedAvg 和 C-FedAvg 相比，ACFL 可以确保训练后的模型在一定范围内，从而确保更好的收敛性。

需要注意的是，尽管这三种算法分别执行了 120 次或 40 次迭代，但是它们各自对应的迭代所需的时间有所不同，如表 6.2 所示。ACFL 算法的实际训练时间短于 FedAvg，但它们在训练结束时可以达到相似的训练效果。因此，ACFL 可以充分缩短通信所需的时间，从而加快训练过程。

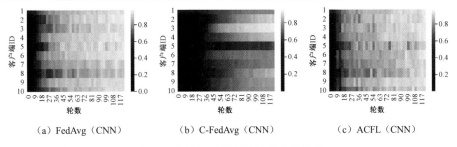

（a）FedAvg（CNN）　　　　（b）C-FedAvg（CNN）　　　　（c）ACFL（CNN）

图 6.5　终端智能模型的性能变化趋势

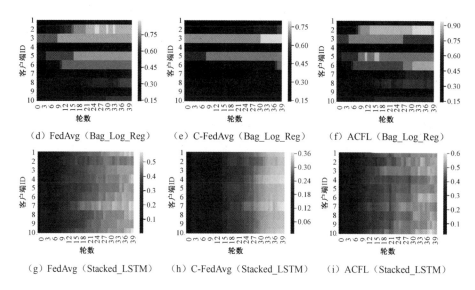

（d）FedAvg（Bag_Log_Reg）　（e）C-FedAvg（Bag_Log_Reg）　（f）ACFL（Bag_Log_Reg）

（g）FedAvg（Stacked_LSTM）　（h）C-FedAvg（Stacked_LSTM）　（i）ACFL（Stacked_LSTM）

图 6.5　终端智能模型的性能变化趋势（续）

在图 6.5 中，我们从三个数据集 FEMNIST、Sentiment140 和 Shakespeare 中随机选择了 10 台终端设备，用热力图表示使用三种算法训练数据集中的每台终端设备的准确性结果。在图 6.5 中，精度越低，相应的像素颜色就越暗。注意，由于精度分布的差异，每个热力图的精度颜色表也不同。图 6.5（a）～图 6.5（c）对应于 FEMNIST 中终端设备模型的准确性。可以看出，在通信压缩的情况下，ACFL 仍可以达到与未压缩的 FedAvg 算法相似的训练效果。C-FedAvg 算法明显较慢。图 6.5（d）～图 6.5（f）对应于 Sentiment140 中终端设备模型的准确性。FedAvg、C-FedAvg 和 ACFL 在此数据集上的总体性能相似。但是，ACFL 在终端设备 1、2、5、7、8 和 9 中仍然比其他两种算法表现出更好的训练效果。图 6.5（g）～图 6.5（i）对应于 Shakespeare 数据集。在数据集中使用的 LSTM 模型中，C-FedAvg 压缩过程中的信息丢失降低了模型更新的幅度，从而导致终端设备之间的准确性差异较小。但是，ACFL 和 FedAvg 也可以显示出更好的训练效果。

6.5.4　通信效率比较

C-FedAvg 致力于以较小的通信开销实现更高的准确性改进，通常以发送字节与准确性之间的关系表示。为了比较 ACFL 和 C-FedAvg 的通信效率，我们绘制了准确性和发送字节之间的关系，如图 6.6 所示。

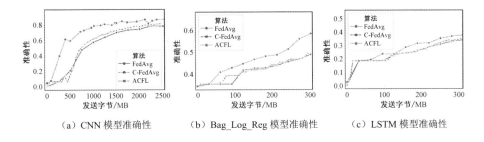

（a）CNN 模型准确性　　　（b）Bag_Log_Reg 模型准确性　　　（c）LSTM 模型准确性

图 6.6　通信开销对模型准确性的影响

从图 6.6 中可以看出，C-FedAvg 的通信效率仅略高于 FedAvg。而 ACFL 在各种模式下都表现出了较高的通信效率，特别是在 CNN 和 Bag-Log-Reg 上。这与同样执行通信压缩的 C-FedAvg 算法形成了对比。在图 6.6（a）和图 6.6（b）中，FedAvg 在初始阶段的通信效率甚至高于 C-FedAvg。这是由于在初始训练期间模型之间存在巨大差异，并且需要共享大部分信息。C-FedAvg 的压缩率过于固定，导致该阶段共享的信息较少，提高准确性较慢。虽然 C-FedAvg 在 LSTM 初始阶段的表现稍好于其他两种，但在 LSTM 之后，其准确性的提高速度有所放缓。这可能是 LSTM 初始阶段内存数据较少的原因。

ACFL 在有效降低带宽要求、加快训练速度的同时，在发送字节数相同的情况下可以获得更好的训练效果。C-FedAvg 本质上去掉了 FedAvg 中共享的一些参数，去掉了冗余的参数更新，实现了高通信效率。但是，与我们使用中间变量 $\mathbb{C}(w - \hat{w})$ 而不是直接发送压缩参数 $\mathbb{C}(w)$ 相比，这种消除通信冗余的方法效率较低。

6.5.5　通信压缩率的影响

在先前的实验中，我们使用 0.25 作为 C-FedAvg 的压缩率。实际上，可以直接调整该压缩率。那么，如果只想减小网络带宽并提高通信效率，为什么不直接使用较低的压缩率呢？针对此问题，我们调整了 C-FedAvg 的压缩率，并将其与 FEMNIST 中的 ACFL 和 FedAvg 进行了比较，结果如图 6.7 所示。

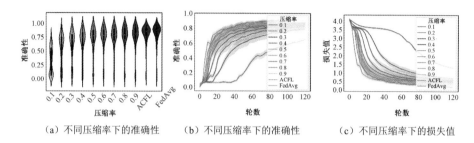

（a）不同压缩率下的准确性　　（b）不同压缩率下的准确性　　（c）不同压缩率下的损失值

图 6.7　不同压缩率对 C-FedAvg 的影响

图 6.7（a）中的琴形图显示了每个通信压缩率下终端设备的准确性分布。在图 6.7（a）中，每个琴形图中心的白点代表中值精度，它反映了训练的速度。当压缩率达到 0.1 时，C-FedAvg 中的终端设备准确性分布差异较大。大约有一半的终端设备的准确性保持在 0 左右，平均值只有 0.3 左右。当压缩率达到 0.2 时，终端设备准确性分布显著提高。此后，随着压缩率的不断提高，终端设备的准确性分布越来越集中，平均准确性不断提高。但 C-FedAvg 的终端设备的准确性分布一直较 ACFL 差。

图 6.7（b）和图 6.7（c）分别用不同颜色的线条显示了 C-FedAvg（压缩率从 0.1 到 0.9）、FedAvg 和 ACFL 的准确性和损失值。其中，每条线周围相同颜色的阴影表示了终端设备的准确性分布。这两幅图较好地反映了不同压缩率下 C-FedAvg 准确性的变化。当压缩率为 0.1 时，C-FedAvg 表现不佳的原因是初始阶段的准确性提高太慢。随着压缩率的不断提高，初始阶段的准确性提高越来越快。

从图 6.7 中的实验结果可以看出，随着压缩率的不断降低，C-FedAvg 的训练效果越来越差。特别是当压缩率仅为 0.1 时，C-FedAvg 的训练速度与大于 0.2 的 C-FedAvg 相比有非常显著的下降。这显然以训练速度为代价节省了交流资源。然而，通信资源的价值应该与当前可用带宽相关，而不是直接与发送的字节数相关。因此，ACFL 在资源条件、训练速度和训练效果方面都优于 C-FedAvg。

6.5.6　不可靠网络的影响

为了比较不可靠的网络对 ACFL 的影响，我们对 FEMNIST 进行了附加测试。丢包率从 0.1 调整到 0.9，这部分的数据包丢失是由相同的随机数种子模拟的。具有这些损失值的精度线如图 6.8 所示，图中，点线 "…" 代表 ACFL，虚线 "‐‐" 代表 C-FedAvg，实线代表 FedAvg。每行颜色越深，损失值越大。

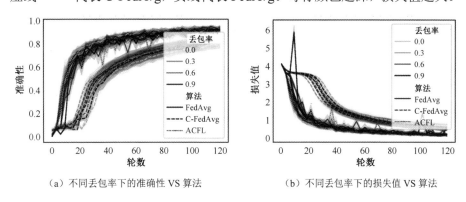

（a）不同丢包率下的准确性 VS 算法　　　　　　（b）不同丢包率下的损失值 VS 算法

图 6.8　不可靠网络的影响

在 ACFL、C-FedAvg 和 FedAvg 对应的行中，存在明显的波动，这是丢包的影响所致。其中，FedAvg 受数据包丢失的影响最大，尤其是当丢包率达到 0.9 时，FedAvg 甚至显示出两个非常明显的准确性下降。C-FedAvg 最稳定，这是因为 C-FedAvg 的压缩率最高，因此每轮发送的字节数最少，因此可能丢失的通信数据包也最少。但是，C-FedAvg 也显示出最慢的训练速度。与 C-FedAvg 相比，尽管在训练过程中会有一些细微的波动，但 ACFL 的整体训练速度要快于其他两个，并且没有像 FedAvg 那样明显的波动。因此，ACFL 在不可靠的通信情况下会很健壮，并且可以在确保较高训练速度的同时，确保相对稳定的训练效果。

6.5.7　终端规模的影响

此外，我们还调整了参加 FEMNIST 每轮训练的终端设备数量，以观察 ACFL 的表现。该实验总共进行了 12 次，选择的终端设备数量从 4% 增加到

48%，其他参数与共享参数相同。在更改选定终端设备的数量时，ACFL 和其他两种算法的性能如图 6.9 所示，图中各行的含义类似于图 6.8。

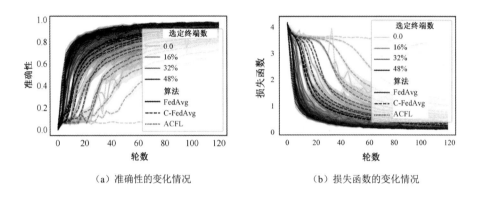

（a）准确性的变化情况　　　　　　　　　（b）损失函数的变化情况

图 6.9　参与训练的终端设备数量的影响

　　在图 6.9 中，随着所选终端设备数量的增加，当所选终端设备数量达到总终端设备数量的 48% 时，FedAvg 的训练效果逐渐超过 ACFL。但是，这也带来了更多的通信开销，并且通常无法在实际系统中提供这么多的通信资源。C-FedAvg 性能受所选终端设备数量的影响最大。当所选终端设备的数量仅为总终端设备数量的 4% 时，该模型在前 80 个迭代中几乎没有明显的改进。此外，当选定的终端设备数量减少时，C-FedAvg 在训练方面的差异最为明显。当选定的终端设备数量接近总终端设备数量的 48% 时，C-FedAvg 的性能也开始接近 FedAvg。但是，具有 48% 选定终端设备性能的 C-FedAvg 仅可与约 12% 选定终端设备的 ACFL 准确性相媲美。在训练期间，ACFL 的性能受所选终端设备数量变化的影响较小。这意味着 ACFL 也可以通过减少选定终端设备的数量来实现比 C-FedAvg 和 FedAvg 更高的通信效率。

6.6　本章小结

　　联邦学习为后方云中心可达情况下的终端智能性提升提供了一个很好的

解决方案。然而，不可靠网络条件、动态变化的带宽等因素导致联邦学习应用过程中存在巨大的通信瓶颈。为了适应终端信息处理的特殊性挑战，本章在云边端融合计算模式基础上，提出了一种分层联邦学习训练框架，该框架可以通过缩短传输距离和将整个模型划分为多个块来减小通信延迟和信息丢失的影响。基于该框架，本章结合 Choco-Gossip 算法中的梯度压缩机制设计了一种新的联邦学习算法 ACFL，以根据网络条件自适应地压缩共享信息，从而提高终端智能模型学习训练的通信效率，增强联邦学习在终端信息处理场景下对动态带宽和不可靠网络的健壮性。本章的理论分析结果验证了 ACFL 算法的收敛性，在图像、情感、文本等任务中通过 CNN、LSTM 等典型深度学习任务的一系列实验表明，本章所提出的战术边缘智能学习框架和 ACFL 算法不仅可以有效解决动态带宽和不可靠网络的挑战，还能适当提高联邦学习的性能。

在后续工作中，我们将进一步研究不可靠网络和动态带宽的度量方法以更为合理地调整通信压缩率。此外，为了进一步验证和改进所提出的框架和算法，我们计划将本章的研究结果部署在实际系统中，并通过多无人平台协同目标跟踪、人机编队协作等更多的应用场景进行验证、测试和提升。

第 7 章

基于完全分布式学习的端侧智能模型训练

在第 6 章中，我们研究了在终端设备与边缘服务器、云中心连接畅通的情况下，如何通过云边端协同联邦学习框架实现终端智能模型的持续学习训练。然而，在终端设备无法与边缘服务器、云中心保持数据传输畅通的情况下，有中心的联邦学习方法将无法正常运作，导致终端设备无法实时进行智能模型演化，适应信息处理需求变化的能力降低。另外，单台终端设备的算力又不足以支撑智能模型的学习训练。

为此，本章将重点研究后端不可达情况下终端智能模型的学习训练问题。考虑无线网络不可靠、设备资源受限等挑战，在无边缘服务器、云中心的支撑下，实现多台终端设备协同地进行智能模型训练。本章提出了一种完全分布式的智能模型训练框架 GREAT，该框架可以让每台终端设备根据链路可靠性自适应地在邻近终端设备中选择梯度共享伙伴。为了均衡 GREAT 学习过程中的资源开销和学习效率，本章还提出了一种名为 Alpha-GossipSGD 的动态控制算法，该算法通过控制 GREAT 中每个节点的学习策略，实现在给定资源预算情况下的训练进程控制。本章通过仿真和原型系统两方面的大量实验对 Alpha-GossipSGD 的性能进行了测试，实验结果表明该算法能够在后端不可达、网络不可靠且资源受限的情况下实现终端智能模型稳定的学习训练。

7.1 引言

7.1.1 问题分析

基于在算力、存储等方面的优势，在云中心进行智能模型的训练一直是目前智能模型学习训练的主要依托。然而，中心化的训练方法需要将大量数据上传到云中心，在终端信息处理场景下，如此巨量的数据全部上传会对网络负载和云中心的信息处理能力带来不可忽视的负担。此外，考虑终端设备所处网络环境的动态、不可靠等特征，可能出现后端不可达的情况。此时，以联邦学习为代表的智能训练方法无法发挥作用，必须考虑没有后端支撑下的分布式学习训练方法。另外，当恶意用户使用终端设备参与训练时，恶意用户可能通过污染训练过程中的梯度信息来攻击模型训练进程[132-134]。相比之下，通过在临近的终端设备间协同地进行智能模型的学习训练，可以将参与节点的数量减少，从而减小恶意用户出现的概率。

　　基于上述原因，本章尝试在临近的终端设备间协作地进行分布式学习。考虑如图 7.1 所示的典型场景。在该场景下，云中心、边缘服务器无法为终端设备提供支撑，终端设备基于本地数据通过相互协作的方式对智能模型进行实时微调。由于终端设备的移动性和无线通信技术的局限性，因此终端设备之间的链路存在失效的可能。在该场景下实现分布式学习面临以下挑战。

　　（1）网络不可靠。终端设备在学习过程中不断移动，网络拓扑结构动态变化，加上通信干扰、阻塞等因素不可避免地导致终端设备之间的网络不可靠。

　　（2）资源高受限。受限于终端设备的尺寸、承载能力和资源载荷，终端设备能够为数据处理和通信提供的资源十分有限，在任务执行过程中面临着严格的资源约束。

　　（3）收敛速度慢。由于终端设备网络的不可靠性和资源的受限性，终端设备协同训练过程中的关键信息可能丢失，因此加剧了终端智能模型训练的收敛难度。

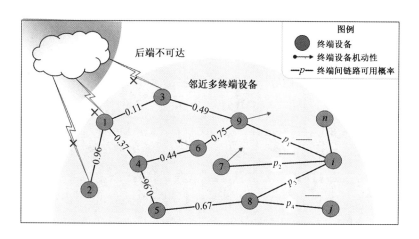

图 7.1　在后端不可达情况下多终端设备协同学习训练场景

　　为了解决上述挑战，本章考虑让终端设备与其信任的邻居交换本地信息以达成共识，而非与一个共有中心节点进行通信。这与人们在某些话题上闲聊最终达成一致的"八卦"（gossip）现象非常相似。受此启发，本章基于 gossip 机制提出了一种可以用于无后端情况下的分布式学习框架。相比传统的随机 gossip 算法，该框架可以让每台终端设备根据链路可靠性 r 选择其 gossip 伙伴[①]，以避免将资源浪费在不可靠的通信链路中，从而以更高的资源效率完成不可靠网络条件下智能模型的分布式训练。

本章余下部分组织如下：7.2 节讨论了 GREAT 框架的工作流程；7.3 节给出了 gossip 学习过程的数学模型、优化问题、问题的近似解，并基于该模型和 GREAT 框架提出训练动态控制算法；7.4 节通过仿真和原型系统实验验证了本章所提出方法的可行性和有效性；7.5 节总结了本章内容。

7.1.2　相关工作

与云侧集中汇聚相似，多节点协同汇聚也以模型参数替代原始数据进行协同训练，但其参数聚合和训练协调者的角色由终端设备来承担。这类工作大多借鉴数据中心中数据并行的分布式训练方法[135]，针对随机梯度下降（Stochastic Gradient Descent，SGD）[136]等优化器的并行化和梯度压缩进行改进，借鉴 gossip[137,138]等分布式通信协议，实现智能模型参数在多终端设备间的高效交换。

针对 SGD 并行化和梯度压缩问题，Lian 等人在文献[58]中，将 SGD 并行化方法划分为有中心的并行 SGD（C-PSGD）和去中心的并行 SGD（D-PSGD），并从理论和实验角度对二者进行了全面比较。之后，Lin 等人[110]发现，在分布式 SGD 训练中，99.9%的梯度交换都是冗余的。基于此观察，Lin 等人提出了深度梯度压缩方法（DGC 方法），通过梯度稀疏化等技术在常见深度学习模型上实现了 270~600 倍的压缩率。在此基础上，Tao 等人[139]进一步提出了 eSGD 方法，通过梯度参数选择和势能残差累积机制进一步减少冗余的梯度交换。基于此思路，Tang 等人[140]提出了外推压缩算法和差分压缩算法。

---

① 在 gossip 算法中，每台终端设备都有多个邻居，但每次训练都只会选择其中的一部分进行信息交换。为了统一，本章将所有被选中的邻居称为该终端设备的伙伴。

考虑网络的不可靠性和节点的随机运动特征，基于 gossip[137,138]的学习方法开始被提出。该方法是一种去中心化式的异步训练方法，通过网络中各节点端到端随机交换信息达到全局收敛状态。其训练技术源于 Boyd 等人[141]提出的 gossip 平均算法，该算法的快速收敛性已得到证明。基于此项工作，Bolt 等人[142]提出 GossipSGD（GoSGD）算法，通过对梯度更新与混合更新两步进行循环迭代实现神经网络模型的去中心化训练。为了改进 GossipSGD 在大规模应用时的性能问题，Daily 等人[143]进一步提出 GossipGraD 方法，基于 gossip 技术实现了可扩展、高效率、低复杂度的通信协议，提升了在大规模设备上应用 gossip 训练的性能。Tang 等人[125]考虑不可靠网络可能对训练过程带来的影响，提出了一种包含参数分割和 gossip 范式的 RPS 训练算法，该算法对于分布式训练具有较好效果，但尚未考虑终端设备资源受限等问题。

从其作用机理来看，多节点协同汇聚因为不需要云中心等后端参与训练，而对后端不可达的情况具有较好的健壮性。然而，终端设备资源高度受限，计算、存储、电量等不足以支持长时间高强度的模型学习训练，多节点协同汇聚方法在资源效率和持续训练能力上面临着不可忽视的挑战。

7.2　完全分布式智能模型训练框架

为了实现在后端不可达情况下终端设备间的分布式学习，提升终端设备在无中心、通信降级、资源受限情况下的学习训练能力，本章提出了一种基于网络可靠性分析的 gossip 学习框架 GREAT。

该框架共包含聊天器、网络分析器、资源监视器、版本发行器、参数更新器、本地数据、训练器和模型版本库 8 个组成部分，如图 7.2 所示。不同组件之间的交互由参数流（传输用于决策的参数）、控制流（传输用于控制的信息）和数据流（传输用于训练和更新的数据）表示。聊天器用于与邻居终端进行信息交换，网络分析器负责分析相邻终端之间链路的可靠性，资源监视器观察资源状态，版本发行器提取本地模型参数，参数更新器将接收到的参数聚合并加载到本地模型中，训练器使用本地数据进行本地训练，本地数据和模型版本库是存储用户数据和本地模型的仓库。

在 GREAT 框架中,让每台终端设备根据链路可靠性选择其 gossip 伙伴。这一过程可以被认为是选择可靠性大于阈值 α 的终端的过程。由于每台终端设备的链路可靠性和资源状态各不相同,因此可以通过自适应地调整每台终端设备的 α 值来控制学习过程。具体而言,每台终端设备根据当前可用的计算和通信资源确定其最大合作伙伴数量,并估计相邻终端设备之间的链路可靠性。然后,将第 m 个最大的可靠性值 r_m 选为每台终端设备的可靠性阈值 α。之后,广播其阈值 α。根据接收到的邻居终端阈值,每台终端设备按照自身条件与其进行模型参数共享。因此,当 GREAT 工作时,每台终端设备将按照以下三个步骤依次完成每轮迭代。

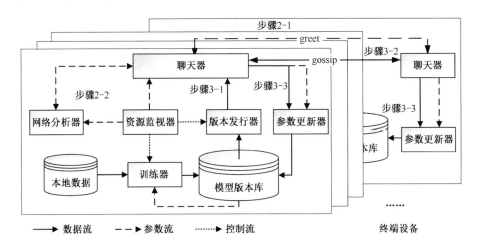

图 7.2　GREAT 框架概述

步骤 1:本地更新。每台终端设备中的训练器根据本地数据训练其本地模型,训练后的模型将存储在模型版本库中。

步骤 2:网络分析。为了获得网络状况的基本信息,每台终端设备中的通信器将网络分析参数(速度、位置等)发送给它的邻居(greet)。同时,网络分析器根据聊天器接收到的参数来分析其与不同邻居之间的链路可靠性。分析之后,将分析结果提供给聊天器以便于进行参数共享。

步骤 3: α -gossip。首先,聊天器从版本发行器中获取本地模型。然后,聊天器根据网络和计算资源现状自适应地调整阈值 α,并通过比较链路可靠

性与阈值 α，从邻居中选择合适的伙伴。之后，聊天器通过 gossip 通信，与伙伴完成本地参数共享。最后，由参数更新器对所收到的伙伴模型进行参数聚合和更新，并存储在本地模型库中。

与联邦学习等中心化的学习方法相比，GREAT 在参数共享和训练机制上较为相似，但对不可靠网络和资源受限的适应性更强。从相似性来看，GREAT 和经典的联邦学习架构都采用数据并行的同步训练方法。另外，GREAT 和联邦学习都只共享模型参数，而不共享原始数据。但 GREAT 框架中没有中心节点，为完全分布式的模型训练框架，所以在不可靠网络环境下表现得更加健壮。此外，GREAT 可根据链路可靠性和资源条件自适应地选择共享参数的伙伴，而经典的联邦学习只是按照固定的概率对参与训练的节点进行二次抽样。因此，GREAT 可以更好地适应后端不可达情况下终端设备面临的挑战，同时保留经典的联邦学习方法的优势。

7.3 分布式训练动态控制算法

在所提出的完全分布式智能模型训练框架基础上，本节将首先建立链路可靠性模型、gossip 模型和分布式学习模型，并在此基础上构建优化问题，找出该优化问题所对应的满意解，从而设计分布式训练动态控制算法。

7.3.1 模型构建

基于 gossip 机制的完全分布式智能模型训练框架中共包含三部分模型：链路可靠性模型、gossip 模型和分布式学习模型，其中，链路可靠性模型描述了每台终端设备对不可靠网络的预估方式，gossip 模型在终端设备之间建立了类似 gossip 的通信方式，而分布式学习模型则阐述了这些终端设备间协同学习的基本方法。

7.3.1.1 链路可靠性模型

可以将终端设备形式化地看作一组移动节点：$N = \{n_1, n_2, \cdots, n_m\}$，其总数为 $m = |N|$。排除终端设备能源耗尽等可预测的终端失效因素，影响链路可靠性的原因包括终端设备自身故障及通信链路失效两部分内容。为了便于可靠性分析，假设由终端设备自身故障和通信链路失效导致的通信中断是相互独立的，则在 $(0, t)$ 内，n_i 和 n_j 之间的链路可靠性 $r_{ij}(t)$ 可通过以下公式计算：

$$r_{ij} = (1 - P_m(i, j, t)) \cdot (1 - P_e(i, t)) \cdot (1 - P_e(j, t)) \tag{7.1}$$

式中，$P_m(i, j, t)$ 表示通信链路失效概率，i、j、t 分别对应终端 n_i、终端 n_j、时段 $(0, t)$，$P_e(i, t)$ 表示终端设备 n_i 在时段 $(0, t)$ 内的故障概率。

对系统可靠性[144,145]的研究表明，终端设备故障概率服从 Poisson 分布。因此，在 $(0, t)$ 内，n_i 没有发生故障的概率为

$$1 - P_e(i, t) = f(k = 0, \lambda_i, t) = \frac{(\lambda_i t)^0}{0!} e^{-\lambda_i t} = e^{-\lambda_i t} \tag{7.2}$$

式中，λ_i 是终端设备 n_i 在单位时间内的平均故障次数。

对于通信链路失效概率，受到障碍物阻挡、多路径效应等各种因素的影响，难以给出极为准确的计算方式。幸运的是，在 GREAT 的自适应学习过程中，链路可靠性仅用于对每台终端设备的所有链路进行排序。因此，链路的可靠性不要求是一个绝对精确的值。

在实际情况下，ZigBee、Wi-Fi、5G 等无线通信协议均以接收信号强度指数（RSSI）作为一个重要指标。这些协议通过 RSSI 确定链路质量和通信功率，达到了较好的通信控制效果。类似地，RSSI 也可以作为确定链路可靠性的基础。因此，在 GREAT 框架中，用 RSSI 作为通信链路可靠性的衡量指标，此时，链路失效概率可以代替为

$$1 - P_m(i, j, t) = (1 - \mu) \frac{\text{RSSI}_{ij}}{\text{RSSI}_{\text{max}}} \cdot \mu \frac{v_{ij}}{v_{\text{max}}} \tag{7.3}$$

式中，v_{ij} 是终端设备 n_i 和 n_j 的相对移动速度；RSSI_{ij} 是终端设备 n_i 和 n_j 之间的 RSSI 值；RSSI_{max} 是通信协议中 RSSI 的最大值；$\mu \in [0, 1]$ 为终端设备移动性权重，用于表示终端设备移动对通信链路可靠性带来的影响；v_{max} 为终端设备的最大相对速度，可以通过加和 n_i 和 n_j 的最大设计速度得到。式（7.2）的取值范围为 $[0, 1]$，与可靠性的取值一致。

考虑大多数终端设备都配备了加速度计等传感器，终端设备 n_i 的实际速度可以很容易地得到。用矢量差的范数来表示这两台终端设备之间的相对移动速度 v_{ij}：

$$\tilde{v}_{ij} = \left\| \boldsymbol{v}_i - \boldsymbol{v}_j \right\|_2 \tag{7.4}$$

式中，$\boldsymbol{v}_i$ 和 $\boldsymbol{v}_j$ 是测量终端设备速度的传感器，且 $\boldsymbol{v}_i$ 和 $\boldsymbol{v}_j$ 都是矢量。

此时，可以用式（7.5）替换式（7.1）：

$$\tilde{r}_{ij} = \mathrm{e}^{-(\lambda_i + \lambda_j)t} \cdot (1 - \mu) \frac{\mathrm{RSSI}_{ij}}{\mathrm{RSSI}_{\max}} \cdot \mu \frac{\tilde{v}_{ij}}{v_{\max}} \tag{7.5}$$

该估算方法可以适用于任何终端设备，包括手机、传感器、无人平台等。需要注意的是，$\tilde{r}_{ij}$ 与实际可靠性不同，不能用于模型的收敛性分析。

7.3.1.2　gossip 模型

在介绍 gossip 机制之前，先用图来抽象表示终端设备之间的通信网络结构。该网络可以描述为

$$\boldsymbol{G} = (N, V, \boldsymbol{R}) \tag{7.6}$$

式中，N 是终端设备的集合，是图中的节点；V 是图中边的集合，表示终端设备之间的可达性；$\boldsymbol{R}$ 表示终端间链路的可靠性。$m = |N|$ 表示此网络中的终端数；可以将链路可靠性用作 $\boldsymbol{G}$ 的邻接矩阵，即 $\boldsymbol{R} = \left[r_{ij} \right]_{m \times m}$。如果存在从 n_i 到 n_j 且 $i \neq j$ 的边，则 $r_{ij} > 0$，否则 $r_{ij} = 0$。

此时，每台终端设备 n_i 的邻居为

$$\Omega_i = \{\cdots, n_s, \cdots\}; \ \forall n_s \in N, \ r_{is} > 0 \tag{7.7}$$

式中，$n_s \in N$，并且满足 $r_{is} > 0$。需要注意的是，n_s 是 n_i 的邻居只意味着 n_s 和 n_i 之间的链路是可达的，但 n_i 不一定会发送本地模型参数给 n_s。除非 n_s 被 n_i 选中作为其伙伴，即式（7.7）中的条件得到满足。

值得注意的是，在经典的 gossip 问题中不存在链路失效、信息时变等问题[146]。与其对应的大多数 gossip 算法通过让终端随机地选择一个邻居进行通信以同步/异步实现在任意连接网络上信息传播，达到信息全局共享的目的[147]。然而，在实际应用中，终端设备的信息传输链路可能实时发生变化，出现链路断开等现象。此外，终端设备之间的通信需要一段时间才能完成，而在训练过程中，每台终端设备所维护的信息会随着时间的推移而不断变化。

传统方法中随机选择伙伴的方式不仅不能有效地传播参数，而且会在不可靠链路上浪费通信资源。因此，让每台终端设备根据其评估的链路可靠性自行选择合作伙伴。

具体而言，可以通过为每台终端设备 n_i 定义阈值 α_i 来选择通信链路更为可靠的伙伴。一旦链路可靠性高于 α_i，将选择相应的终端设备进行协同训练，即

$$\Theta_i = \{\cdots, n_p, \cdots\}; \ \forall n_p \in N, \ r_{ip} > \alpha_i \qquad (7.8)$$

式中，N 为节点集合。为简化起见，将时间划分为多个时隙。然后，可以通过式（7.9）来表示终端之间的信息交换：

$$x_i(t+1) = \text{fusion}(x_i(t), \cdots, g_{ip}(t)x_p(t), \cdots) \qquad (7.9)$$

式中，$x_i(t)$ 表示终端设备 n_i 中的参数信息，$x_p(t)$ 表示来自伙伴 $n_p \in \Theta_i$ 的参数信息，$\text{fusion}(\cdot)$ 表示信息的融合函数（平均或加权求和等），$g_{ip}(t)$ 表示是否成功接收到来自终端设备 n_p 的信息，如果成功，则为 1，否则为 0。

式（7.9）采用与大多数分布式学习一致的参数信息聚合方法，即对式（7.12）中的模型参数进行平均。

7.3.1.3　分布式学习模型

通常，大多数智能模型学习训练过程通过使特定的损失函数值最小化来实现。为此，最常用的方法之一是随机梯度下降算法（SGD），该方法中模型的参数向量 w 可以通过以下公式计算：

$$w(t+1) = w(t) - \eta \nabla f(d, w(t)) \qquad (7.10)$$

式中，$\eta \geqslant 0$ 是学习率，$t = 0,1,2,\cdots$ 表示迭代次数，$f(d, w(t))$ 是损失函数在训练数据 d 上利用模型参数 $w(t)$ 计算得到的误差值。

考虑有 n 台终端设备协同进行分布式学习，在每台终端设备 n_i 中通过梯度下降学习 m 个数据样本 $D_i = \left\{ d_i^{(1)}, \cdots, d_i^{(j)}, \cdots, d_i^{(m)} \right\}$。然后，可以将式（7.10）重写为 GREAT 在本地更新阶段所作的操作内容：

$$w_i(t+1) = w_i(t) - \eta \nabla f(d_i^{(j)}, w_i(t)) \qquad (7.11)$$

式中，$d_i^{(j)}$ 是数据集 D_i 中的样本，式（7.11）可以在每轮本地更新中多次执行。

为了进一步提升式（7.11）所学习得到的智能模型，每台终端设备应在一轮或多轮本地学习之后，通过特定机制（如全局参数聚合等）交换其模型参数。

本章采用加权平均的方式对这些参数进行聚合，通过以下方式依据合作

伙伴的模型参数更新终端设备 n_i 中的模型：

$$w_i(t+1) = \frac{1}{1+\sum_j g_{ij}(t)}\left(w_i(t) + \sum_{j=1}^{\rho_i} g_{ij}(t) w_j(t)\right) \qquad (7.12)$$

如果 n_i 成功从 n_j 接收到 w_j，$g_{ij}(t)=1$，否则 $g_{ij}(t)=0$。另外，终端设备 n_i 和终端设备 n_j 中的模型可能是不同的，因为它们的合作伙伴的模型不完全相同。

7.3.2　问题形式化

基于上述讨论，一个自然的问题是，当网络不可靠时，如何充分利用受限资源来获得更好的学习效果。在 7.2 节所提出的 GREAT 框架中，可以通过调整 α_i 的值控制资源使用和链路选择。

具体而言，当 $\alpha_i = 0$ 时，终端设备 n_i 会向其所有邻居发送模型参数，消耗大量的通信和计算资源；当 $\alpha_i = 1$ 时，终端设备 n_i 不向任何邻居发送模型参数，只接收邻居的消息，这样可以最大限度地减少协同训练所需的资源。由于不需要向邻居发送模型参数，为了节省计算资源和能量消耗，终端设备 n_i 可以不进行本地训练，而是直接用接收到的邻居模型参数替换原始参数来实现更新。因此，α_i 可以有效控制终端设备分布式训练过程中的资源开销。此外，当网络不可靠时，终端设备 n_i 和 n_j 之间共享的信息可能会以一定概率丢包。虽然丢包是不可避免的，但是不同链路上丢包的概率是不同的。通过阈值 α_i，终端设备 n_i 可以选择链路最可靠的几个邻居进行参数共享，从而减少不可靠网络带来的丢包。因此，可以将问题范围进一步缩小为确定每台终端设备的 α_i 的最优值，从而在每台终端设备给定的资源预算下，实现全局学习效率最大化。

为了衡量学习的整体效果，考虑所有终端设备 n_i 的总体损失函数为

$$F(t) = \sum_i f(d_i, w_i(t)) \qquad (7.13)$$

式中，$f(\cdot)$ 是模型所对应的损失函数，$f(d_i, w_i(t))$ 是模型在参数为 $w_i(t)$ 时用数据 d_i 计算得到的损失值。

但是，也有可能发生下述情况：

$$\exists j, \ \text{s.t.} \ f(d_j, w_j(t)) > \sum_{i, i\neq j} f(d_i, w_i(t)) \qquad (7.14)$$

这意味着某些孤立的终端可能具有比其他终端设备高得多的损失函数值。为了避免这一情况，引入模型参数的方差来衡量每台终端设备之间的模型差异，即

$$s_w^2 = \frac{\sum\limits_i (w_i - \overline{w})^2}{n} \tag{7.15}$$

因此，可以通过联立式（7.14）和式（7.15），计算整体学习效率：

$$e(w(t)) = \sum_i \left(f(d_i, w_i(t)) + \frac{\rho}{2} \|w_i(t) - \overline{w}(t)\|_2^2 \right) \tag{7.16}$$

这里，使用惩罚系数 $\frac{\rho}{2}$ 和 L_2 范式的平方 $\|w_i(t) - \overline{w}(t)\|_2^2$ 来描述模型差异的影响。显然，对任意分布式学习算法，$e(w(t))$ 越小，获得的学习效果越好。

在不失一般性的前提下，可以只考虑计算和通信资源预算 C_i 和 B_i。形式化地，定义每个参与节点的每次本地更新都消耗 c_{l_i} 个单位计算资源，而每次网络分析都消耗 c_{n_i} 个单位计算资源和 b_{n_i} 个单位通信资源，每次 α-gossip 分别消耗 c_{α_i} 个单位计算资源和 b_{α_i} 个单位通信资源，其中 $c_{l_i}, c_{n_i}, b_{n_i}, c_{\alpha_i}, b_{\alpha_i} \in \mathbf{R}_{++}$，是大于 0 的实数。

通常，有许多因素可能会影响这些资源开销，如训练方法、模型的大小和数据样本的数量。本文主要研究 SGD[148]中的资源消耗。作为一种被广为接受的方法，SGD 已被证明对于训练神经网络非常有效。根据此方法，每台终端设备中的模型都按随机的小批次进行训练。如果每个小批次中的样本数量相同，则每个训练迭代中的计算资源仅与模型的大小有关。对于特定任务，不同终端上的深度模型通常是相同的。因此，对于每轮本地更新，每台终端设备中花费的计算资源为

$$c_{l_1} = c_{l_2} = \cdots = c_{l_n} = c_l \tag{7.17}$$

在 GREAT 的网络分析步骤中，每台终端设备都向其邻居发送 greet 信息。假设每次向邻居发送 greet 信息都需要 k_{bn} 个单位通信资源，那么，网络分析过程中每台终端设备消耗的通信资源为

$$b_{n_i} = f_{bn}(\partial_i) = k_{bn}\partial_i \tag{7.18}$$

式中，∂_i 是 n_i 邻居集合 Ω_i 的大小。网络分析过程中每台终端设备消耗的计算资源为

$$c_{n_i} = f_{cn}(\partial_i) = k_{cn}\partial_i \tag{7.19}$$

式中，k_{cn} 表示用于分析一条链路可靠性的消耗的计算资源。

同样，α-gossip 中消耗的计算资源和通信资源为

$$c_{\alpha_i} = f_{c\alpha}(\rho_i) = k_{c\alpha}\rho_i$$
$$b_{\alpha_i} = f_{b\alpha}(\rho_i) = k_{b\alpha}\rho_i \tag{7.20}$$

式中，ρ_i 是 n_i 伙伴集合 Θ_i 中的元素，$k_{c\alpha}$ 和 $k_{b\alpha}$ 是该终端设备和一个伙伴进行 gossip 通信和参数聚合所需消耗的计算资源和通信资源。

根据上述讨论，资源消耗与模型大小、邻居和伙伴有关。邻居和模型大小是固定的，用于控制资源消耗的可调参数是 α_i，它决定了伙伴的选择。由于网络不可靠，在 α-gossip 步骤中交换模型的结果是随机的，在 T 次迭代后模型的参数 w_i 也是随机的。因此，为了在不可靠网络和资源受限的情况下基于 α-gossip 学习获得更好的预期结果，应寻求以下优化问题的解：

$$\min_{\alpha_i} E\{e(w(T))\}$$
$$\text{s.t. } T(c_l + k_{cn}\partial_i + k_{c\alpha}\rho_i) \leqslant C_i$$
$$T(k_{bn}\partial_i + k_{b\alpha}\rho_i) \leqslant B_i \tag{7.21}$$
$$1 \geqslant \alpha_i \geqslant 0$$
$$i = 1, 2, \cdots, m$$

式中，C_i 和 B_i 分别是终端设备 n_i 的计算资源和通信资源预算，T 是 GREAT 框架工作前预定义的总迭代次数（依次完成本地更新、网络分析和 α-gossip 看作一个迭代）。

7.3.3　问题求解的近似

为了简化式（7.21），需要找出 α_i 的值如何影响优化函数 $E\{e(w(T))\}$。由于优化函数受梯度下降的收敛性和神经网络状态的影响，难以描述每台终端设备的 α_i 与 $E\{e(w(T))\}$ 的精确关系。此外，在部分情况下，每台终端设备执行同一个任务所消耗的资源也可能随时间变化。而过多的计算和分析以找到最优解无益于提高资源效率。因此，需要一种简单、实时的在线方法来确定每台终端设备的 α_i 值。为了找到这种方法，通过提高预算资源的使用效率对这种优化问题进行了近似求解。

虽然链路不可靠，但在发生丢包的信息传输中依然会浪费通信资源。对

于 ρ_i 选择的链路，终端设备 n_i 在每次迭代中浪费的通信资源为

$$\sum_{j=1}^{\rho_i} b(1-r_{ij}) \qquad (7.22)$$

式中，b 是每次传输花费的带宽单位。

减少式（7.22）的一种方法是选择具有更高可靠性的链路。在尽可能多地使用带宽的同时，可以通过选择高于 α_i 的链路来减少通信资源的浪费。那么，在仅考虑通信资源的情况下，α_i 满足：

$$\max_{\alpha_i} T(k_{bn}\partial_i + k_{b\alpha}\rho_i), i \in \mathbf{N}$$
$$\text{s.t. } T(k_{bn}\partial_i + k_{b\alpha}\rho_i) \leqslant B_i, \forall i \in \mathbf{N}; \qquad (7.23)$$
$$1 \geqslant \alpha_i \geqslant 0, \forall i \in \mathbf{N}$$

式中，ρ_i 是伙伴集 Θ_i 的大小，它由 $r_{ij} > \alpha_i$ 的所有邻居组成。因此，当式（7.23）最大时，有

$$\rho_i^b = \left\lfloor \frac{1}{k_{b\alpha}}\left(\frac{B_i}{T} - k_{bn}\partial_i\right) \right\rfloor \qquad (7.24)$$

式中，$\lfloor x \rfloor$ 表示小于或等于 x 的最大整数。式（7.23）的解为

$$\alpha_i^{(b)} = r_{i(\rho_i^b)} \qquad (7.25)$$

式中，$\alpha_i^{(b)}$ 是仅考虑通信资源的近似解，$r_{i(\rho_i^b)}$ 是第 ρ_i^b 个可靠性的值，且 $\{r_{ij}\}$，$\forall j \in \mathbf{N}$。

同样，仅考虑计算资源时，也可以获得近似解：

$$\max_{\alpha_i} T(c_l + k_{cn}\partial_i + k_{c\alpha}\rho_i)$$
$$\text{s.t. } T(c_l + k_{cn}\partial_i + k_{c\alpha}\rho_i) \leqslant C_i, \forall i \in \mathbf{N}; \qquad (7.26)$$
$$1 \geqslant \alpha_i \geqslant 0, \forall i \in \mathbf{N}$$

计算资源的 α_i 的值为：

$$\alpha_i^{(c)} = r_{i(\rho_i^c)} \qquad (7.27)$$

其中

$$\rho_i^c = \left\lfloor \frac{1}{k_{c\alpha}}\left(\frac{C_i}{T} - c_l - k_{cn}\partial_i\right) \right\rfloor \qquad (7.28)$$

因为学习过程对于通信和计算的约束都是严格的，所以式（7.21）的近似解可以通过最大化式（7.25）和式（7.27）中的 $\alpha_i^{(b)}$ 和 $\alpha_i^{(c)}$ 得到：

$$\alpha_i = \max\left\{\alpha_i^{(b)}, \alpha_i^{(c)}\right\} \qquad (7.29)$$

7.3.4　算法设计

在前述数学模型和满意解求解方法的基础上，本小节设计了一种动态控制算法 Alpha-GossipSGD，该算法基于 LocalUpdate、MNLRS 和 AlphaGossip①这三个函数实现，它们分别对应 7.2 节中的三个步骤。

如算法 7.1 所示，该算法输入为终端设备 n_i 的资源预算 B_i 和 C_i、学习率 η 和总训练迭代 T。资源预算 B_i、C_i 由设备操作系统的监视器给出，而 η、

算法 7.1　Alpha-GossipSGD

已知: T, η, B_i, C_i.

求: $w(T)$.

1: 根据 MAC 地址设置 id, 根据 n_i 使用寿命设置 λ_i;

2: 获取本地数据集 D_i;

3: 初始化 $n_d \leftarrow \text{length}[D_i], \tau \leftarrow 0, k_{c\alpha} \leftarrow 0, k_{b\alpha} \leftarrow 0, k_{cn} \leftarrow 0, k_{bn} \leftarrow 0, c_l \leftarrow 0$;

4: 初始化 $w(0)$ 为一个固定或随机的量;

5: 根据应用文档初始化 t_a, t_b, t_c, t_o;

6: begintime ← 终端当前时钟;

7: **repeat**

8: 　　$w(\tau), n_d, \hat{qc_l} \leftarrow \text{LocalUpdate}(D_i, n_d, t_a, w_i(t), \eta)$

9: 　　$C_i \leftarrow C_i - \hat{c}_l$

10: 　　估计终端运动速度 V_i;

11: 　　$\Omega_i, \hat{c}_n, \hat{b}_n \leftarrow \text{MNLRS}(\text{id}, \lambda_i, t_b, t_c V_i)$

12: 　　$C_i \leftarrow C_i \leftarrow \hat{c}_n, B_i \leftarrow B_i - \hat{b}_n, k_{cn} \leftarrow \dfrac{\hat{c}_n}{\text{length}[\Omega_i]}, k_{bn} \leftarrow \dfrac{\hat{b}_n}{\text{length}[\Omega_i]}$

13: 　　$w(\tau), \hat{c}_\alpha, \hat{b}_\alpha, l_i \leftarrow \text{AlphaGossip}(w(\tau), \Omega_i, B_i, C_i, T-\tau, t_c, k_{c\alpha}, k_{b\alpha}, k_{cn}, k_{bn}, c_l)$

14: 　　$C_i \leftarrow C_i - \hat{c}_\alpha, B_i \leftarrow B_i - \hat{b}_\alpha, k_{c\alpha} \leftarrow \dfrac{\hat{c}_\alpha}{\rho_i}, k_{b\alpha} \leftarrow \dfrac{\hat{b}_\alpha}{l_i}$;

15: 　　$\tau \leftarrow \tau + 1$;

16: 　　currenttime ← 终端当前时钟;

17: 　　休眠 $\tau(t_a + t_b + t_c + t_o)^+ \text{begintime} - \text{currenttime}$;

18: **until** $\tau > T$

19: $w(T) \leftarrow w(\tau)$

20: **return** $w(T)$

---

① 这三个函数的伪代码见附录 C。

T 对应于 AI 应用程序的学习算法。参数 id 和误差系数 λ_i 是终端设备的固有属性，其中 id 根据 MAC（媒体访问控制地址）设置，而 λ_i 是单位时间与终端设备 n_i 的使用寿命的比值。

从分布式学习的角度来看，Alpha-GossipSGD 本质上是一种数据并行的学习方法。数据并行化训练主要包括同步并行化和异步并行化两种模式。在异步并行化训练方法中，虽然每台终端设备不需要等待其他终端完成模型参数交换，但它可能会受到梯度延迟效应的影响[149]（即使所有机器的速度相同），这无疑会降低测试精度。另外，异步训练模型的收敛性也很难保证。而同步并行化训练方法在保证模型收敛性的同时，也易于实现。因此，我们采用同步并行化训练方法。

为了同步每台终端设备的学习过程，在开始进行 GREAT 三个步骤的切换之前，将时间 t_a、t_b、t_c、t_o 用作全局知识。其中，t_a、t_b 和 t_c 分别是本地更新时间、网络分析时间和 α-gossip 时间；t_o 是每个步骤之间的预留时间，以使步骤切换更为流畅。每次迭代的时间等于 $t_a + t_b + t_c + t_o$，总的学习时间为 $T(t_a + t_b + t_c + t_o)$。在所提出的算法中，这些时间参数是根据终端设备和智能模型在 GREAT 进行学习之前自动设置的。其中，t_a、t_o 根据设备的计算资源状态确定，t_b、t_c 根据网络状态确定。具体而言，对于进行 GREAT 学习的所有终端设备，以单台终端设备进行 100 次 SGD 算法迭代的平均花费时间作为 t_a，按照所选通信模式最大通信速率的 10% 完成 greet 和模型参数传输所需时间作为 t_b 和 t_c，以 t_a 的 1/100 作为预留时间 t_o。

在每次迭代中，该算法都可以使用本地数据集 D_i 和函数 LocalUpdate 来训练本地模型。然后，当时间约为 $\tau(t_a + t_b + t_c + t_o) + \text{begintime} + t_a$ 时，每台终端设备执行函数 MNLRS 以获得邻居的信息 Ω_i。之后，每台终端设备通过 AlphaGossip 函数中的 gossip 更改其模型并更新本地模型参数。t_c、$k_{c\alpha}$、$k_{b\alpha}$、k_{cn}、k_{bn}、c_l 和剩余资源预算 B_i、C_i 将在每个函数完成时进行更新，如算法 7.1 中第 9、12 和 14 行所示。最后，每台终端设备直到 currenttime 和 begintime 之间的差等于 $\tau(t_a + t_b + t_c + t_o)$ 时才执行下一次迭代，如算法 7.1 中第 17 行所示。

7.4　实验评估

为了验证该方法的可行性和有效性，本章进行了大量仿真实验和原型系统验证。仿真环境由 NS-3 实现，在该环境中，设置由 20 个移动终端设备通过 Wi-Fi 802.11a 以自组织模式相互发送数据。所有终端设备只通过单跳中与其他终端设备进行信息传输。模拟区域大小为 500m×500m，终端通过随机矩形模型随机分布，终端设备的移动性被设置为二维空间随机游走模型（Random Walk 2D Mobility Model）。原型系统配置将在 7.4.8 节中进行说明。

在本章实验中，使用了 4 种典型的深度学习模型：逻辑回归（Logistic Regression，LR）、多层感知机（Multi-Layer Perceptron，MLP）、卷积神经网络（Convolutional Neural Network，CNN）和递归神经网络（Recurrent Neural Network，RNN）。其模型结构如表 7.1 所示，FC 表示全连接层，Conv 表示卷积层，LSTM 表示长短期记忆层，[·] 表示一层神经网络结构，→ 表示网络层之间的先后关系。CNN 中，每个卷积层处理后都采用 2×2 的最大池化层进行池化处理。所有这些模型都使用交叉熵作为其损失函数，每 5 个样本作为 SGD 的一个批次，每 20 个批次训练作为一轮局部更新。所有这些模型都通过 PyTorch 进行部署。所有深度模型都采用 MNIST 数据集进行测试，该数据集中包括 60000 个训练样本和 10000 个测试样本。为了适应终端设备的数据分布情况，根据 McMahan 等人[150]的工作对 MNIST 进行了重新组织。重组后的 MNIST 使每台终端设备都只有整个数据集的一小部分。具体而言，将它们分成 600 个大小为 100 的数据块，并随机分配三个数据块给每台终端设备。

表 7.1　实验所采用的深度学习模型结构

模　型	模型结构
LR	[784×10 权重参数，1×10 偏置向量]
MLP	[784×500 FC, ReLU]→[500×10 FC]
CNN	[5×5 kernel Conv, 10 channels]→[5×5 kernel Conv, 20 channels]→[3×3 kernel Conv, 40 channels]→[40×10 FC, log softmax]
RNN	[128 LSTM]→[128 LSTM]→[128×10 FC]

实验共包含三个基准算法：C-SGD（Common SGD）、GossipSGD（Random Gossip SGD）和 D-PSGD（Decentralized Parallel SGD）[151]。C-SGD 是所有终端设备都在本地执行 SGD 算法，它表示基于其终端设备自身的数据集和资源训练本地的模型。对于 C-SGD 算法训练的终端设备，不设置资源预算和上限。GossipSGD 是根据经典的 gossip 协议设计的，该算法让每个终端设备随机选择一台终端设备作为其伙伴以共享其模型参数。D-PSGD 算法是根据 Lian 等人[151]的工作设计的。在 D-PSGD 算法中，每台终端设备都与其所有邻居终端设备共享本地模型参数。

参数 t_a、t_b、t_c 和 t_o 根据真实机器测试结果进行设置（5 台笔记本电脑的平均值，配置为 Intel® Core™ i7-6700HQ CPU @ 2.60GHz，16GB RAM）。在每台笔记本电脑中分别对不同的深度模型进行 1000 次本地更新，并将平均时间作为 t_a。经过测试，LR 的 $t_a = 5\text{ms}$，MLP 的 $t_a = 16\text{ms}$，CNN 的 $t_a = 51\text{ms}$，RNN 的 $t_a = 73\text{ms}$。通过将终端设备的 ID（8 位）、IP（48 位）、v_x（64 位）、v_y（64 位）和错误率（64 位）传输给其他终端设备来测试 t_b 的取值。使用与 4 个邻居终端的 10000 次平均传输时间，发现 t_b 值很小，只有 0.000477s。因此，对所有模型都使用 $t_b = 1\text{ms}$。t_c 通过传输模型参数并汇聚接收到的参数进行测试。根据测试结果，LR 的 $t_c = 3\text{ms}$，MLP 的 $t_c = 24\text{ms}$，CNN 的 $t_c = 8\text{ms}$，RNN 的 $t_c = 11\text{ms}$。预留时间 t_o 设置为 t_a 的 1/100。链路可靠性分析中终端移动性的权重根据模型大小设置。对于 LR，$\mu = 0.1$；对于 MLP，$\mu = 0.15$；对于 CNN，$\mu = 0.15$；对于 RNN，$\mu = 0.4$。

计算资源开销是通过处理时间来进行衡量的，通信资源是通过传输包的大小来衡量的。由于所有算法都同时执行本地更新，并且在网络分析上花费的时间很少，因此仅考虑在参数共享期间的计算资源消耗。根据来自真实机器的测试结果，LR 的 $k_{c\alpha} = 0.002$，MLP 的 $k_{c\alpha} = 0.016$，CNN 的 $k_{c\alpha} = 0.002$，RNN 的 $k_{c\alpha} = 0.018$。

每台终端设备的计算资源预算 C_i 和通信资源预算 B_i 的值在预定义的间隔 $\left[0.5\gamma C_{\max}, 1.5\gamma C_{\max}\right]$ 和 $\left[0.5\gamma C_{\max}, 1.5\gamma C_{\max}\right]$ 中均匀地随机选择。其中，$0 \geqslant \gamma \geqslant 1$ 是资源的充足性系数。当 $\gamma = 1$ 时，每台终端设备可以与所有其他终端设备共享参数。当 $\gamma = 0$ 时，每台终端设备不能共享任何参数。在没有特定指出时，取 $\gamma = 0.5$。对于终端设备的故障率，使用故障概率 p 表示终端设备从训练开始到训练结束可能发生故障的概率。在大多数模拟实验中，取 $p = 0.01$。

7.4.1　整体性能比较

对 LR 和 MLP 模型迭代训练 120 次，对 CNN 和 RNN 模型迭代训练 180
次，可以得到如表 7.2 所示 C-SGD、GossipSGD、D-PSGD 和 Alpha-GossipSGD
算法的整体性能对比。表中，Ⅰ 表示 C-SGD，Ⅱ 表示 GossipSGD，Ⅲ 表示 D-
PSGD，Ⅳ 表示 Alpha-GossipSGD。由于每种算法对于相同模型在本地更新阶
段所消耗的计算资源相同，因此仅考虑网络分析和参数共享阶段的计算资源
开销。另外，为了便于分析不同终端上的资源开销，用所消耗资源占资源预
算的百分比来进行对比。

表 7.2　C-SGD、GossipSGD、D-PSGD 和 Alpha-GossipSGD 训练不同模型的
总体性能比较

模型	算法	计算资源开销	通信资源开销	准确性	损失值
LR	Ⅰ	—	—	0.847	2.493
	Ⅱ	10.00%	10.02%	0.828	2.283
	Ⅲ	97.10%	97.34%	0.897	2.283
	Ⅳ	90.06%	90.98%	0.914	1.358
MLP	Ⅰ	—	—	0.840	1.868
	Ⅱ	9.41%	9.86%	0.843	1.238
	Ⅲ	95.98%	99.58%	0.916	0.845
	Ⅳ	94.12%	98.64%	0.926	0.727
CNN	Ⅰ	—	—	0.880	0.399
	Ⅱ	11.13%	9.95%	0.927	0.315
	Ⅲ	95.31%	94.86%	0.937	0.449
	Ⅳ	87.55%	87.13%	0.944	0.258
RNN	Ⅰ	—	—	0.840	2.973
	Ⅱ	8.99%	9.98%	0.850	2.525
	Ⅲ	89.88%	99.68%	0.669	4.511
	Ⅳ	89.15%	89.98%	0.914	2.148

从表 7.2 中可以看出，在 4 个模型的训练过程中，Alpha-GossipSGD 算法
实现了最高的准确性和最小的损失值。总体而言，Alpha-GossipSGD 显示出最

佳性能。D-PSGD 算法显示出与 Alpha-GossipSGD 类似的性能。这是因为 D-PSGD 选择与所有邻居共享模型参数。由于 D-PSGD 的模型参数共享过程未根据计算和通信资源预算进行调整，因此 D-PSGD 较早地耗尽了可用资源。这种现象在 RNN 中很明显，其中 D-PSGD 表现最差。除 RNN 外，LR、MLP 和 CNN 的模型大小相对较小，因此 D-PSGD 中的资源预算更为充足，其准确性就不会受到显著影响。相比之下，GossipSGD 仅使用约 10%的资源，但训练效果并未明显降低。

这里，C-SGD 算法并不等同于在云中心集中进行模型的训练，而是在不考虑资源约束的情况下，让每台终端设备使用传统的 SGD 算法独立进行本地训练。由于各台终端设备数据分布的特殊性，每台终端设备仅占全局数据集的一小部分，仅依靠本地数据不足以有效提高模型性能。此时，通过在终端设备之间共享参数可以有效地提高模型的准确性。因此，与 C-SGD 和 GossipSGD 相比，Alpha-GossipSGD 和 D-PSGD 共享更多的模型参数并显示出了更好的训练效果。

7.4.2　准确性比较

为了更直观地比较 4 种算法在训练 4 种不同模型时的性能差异，本节观察这些算法在训练过程中的准确性变化，如图 7.3 所示。在图 7.3 中，线周围的阴影部分表示终端智能模型准确性的差异。由于 Alpha-GossipSGD 和 D-PSGD 训练的终端智能模型之间的差异较小，因此其周围的阴影相对较小。RNN 中 GossipSGD 的模型差异较大，因而阴影也更多。

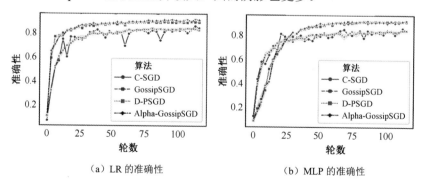

（a）LR 的准确性　　　　　　　（b）MLP 的准确性

图 7.3　C-SGD、GossipSGD、D-PSGD 和 Alpha-GossipSGD 算法的准确性对比

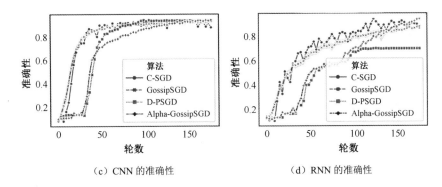

（c）CNN 的准确性　　　　　　　（d）RNN 的准确性

图 7.3　C-SGD、GossipSGD、D-PSGD 和 Alpha-GossipSGD 算法的准确性对比（续）

　　由于没有信息共享，因此使用 C-SGD 训练的终端模型的准确性会有很大的波动。尽管 GossipSGD 的准确性与 C-SGD 相似，但变化更为平稳。此外，在使用梯度共享策略的算法中，由 GossipSGD 训练的终端之间的模型差异更大。这是因为 GossipSGD 仅与一个邻居随机共享参数。尽管 D-PSGD 和 Alpha-GossipSGD 的最终训练结果大多优于 C-SGD 和 GossipSGD，但它们在训练初期的准确性增长较慢，特别是在多层网络结构中，如 MLP、CNN 和 RNN。这是因为在模型训练的初始阶段，所有终端设备的参数都不够好，并且共享参数并没有带来明显的改善。之后，随着单终端智能模型参数的不断优化，共享参数对于提高准确性更有价值。因此，Alpha-GossipSGD 和 D-PSGD 在后期显示出更好的学习效果。在具有更多参数的模型中，这种现象更加明显。因此，Alpha-GossipSGD 算法更适合微调预训练模型。在实际应用过程中，可以在部署智能模型到终端设备之前先使用公共数据集对模型进行预训练。部署后，将终端实时生成的数据用于 Alpha-GossipSGD 算法的微调，从而有效地提高模型的挖掘效率。此外，可以发现，尽管在较小的模型中 Alpha-GossipSGD 和 D-PSGD 的性能相似，但是当模型较大时，Alpha-GossipSGD 明显优于 D-PSGD。

7.4.3　资源效率比较

　　从准确性的角度来看，Alpha-GossipSGD 和 D-PSGD 的性能非常相似。

为了进一步比较这两种算法，分析资源效率，本小节对这两种算法的资源消耗和准确性变化进行分析，如图 7.4 所示。由于计算资源和通信资源都设置为 $\gamma = 0.5$，因此只需要分析其中之一即可。在这里，选择通信资源来比较 Alpha-GossipSGD 和 D-PSGD 的资源效率。

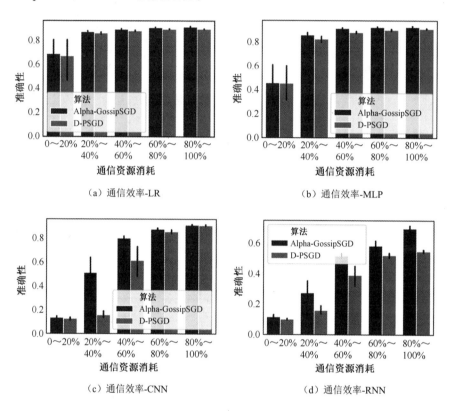

（a）通信效率-LR   （b）通信效率-MLP

（c）通信效率-CNN   （d）通信效率-RNN

图 7.4   D-PSGD 和 Alpha-GossipSGD 的通信效率对比

图 7.4 中，在所有 4 个模型中，尤其是在 RNN 中，Alpha-GossipSGD 的通信效率均高于 D-PSGD。在 LR 和 MLP 中并不明显。这可能是因为 RNN 模型较大，且与邻居的每次通信都需要消耗更多的通信资源，而 Alpha-GossipSGD 可以根据可用资源条件自适应地调整通信伙伴的数量。因此，Alpha-GossipSGD 在 RNN 中显示出更高的通信效率。另外，可以发现，当资源消耗较低时，Alpha-GossipSGD 和 D-PSGD 的准确性分布相对分散，但是随着训练的进行，这种分布继续收敛。

7.4.4　数据分布的影响

上述实验中，将 MNIST 数据集随机分为大小相等的小片段，并将其分配给每台终端设备。这是典型的平衡且独立同分布的数据。但实际上，各终端设备可能存在许多不同的数据分布，如不平衡且非独立同分布数据。因此，本小节对 GossipSGD、D-PSGD 和 Alpha-GossipSGD 算法在不同数据分布中的性能进行比较。

在该实验中，将 MNIST 分为 4 种分布类型：idd-balance、idd-imbalance、nidd-balance 和 nidd-imbalance。其中，idd-balance 是前述实验中使用的数据划分方法。idd-imbalance 将整个数据集随机分为 600 个分块，并为每台终端设备随机分配 1～10 个分块。对于 nidd-balance，首先按数字标签对数据进行排序，将其按顺序划分为 600 个数据块，然后为每台终端设备随机分配 3 个数据块。因此，在 nidd-balance 中，尽管整个数据集中有 10 种样本，但是每台终端设备只有 3 种。同样，nidd-imbalance 以与 nidd-balance 相同的方式将整个数据集划分为 600 个片段，并为每台终端设备随机分配 1～10 个片段。在这 4 种不同的数据分发类型下，GossipSGD、D-PSGD 和 Alpha-GossipSGD 算法在 LR 中的性能如图 7.5 所示。

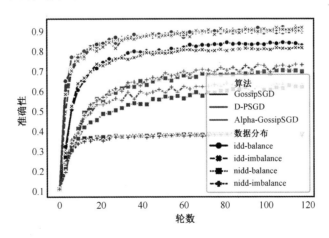

图 7.5　不同数据分布对学习效果的影响

在图 7.5 中，除了 nidd-balance 外，Alpha-GossipSGD 显示出最佳的训练效果。此外，在 nidd-imbalance 和 idd-imbalance 两种数据分布类型中，Alpha-GossipSGD 明显优于其他算法。但是，Alpha-GossipSGD 在近乎平衡分布中的训练效果低于 D-PSGD。这可能是因为训练的初始阶段在 nidd-balance 分布中共享参数可以有效地调整梯度下降的方向，从而加快了训练过程。D-PSGD 不考虑可用资源的状态，因此训练开始时的参数共享远低于 Alpha-GossipSGD。这导致 D-PSGD 在 nidd-balance 方面优于 Alpha-GossipSGD。

在训练过程中，Alpha-GossipSGD 继续共享参数，并且在第 100 次迭代后，其与 D-PSGD 在 nidd-balance 方面的准确性差距开始逐渐减小。通常，Alpha-GossipSGD 具有强大的能力来处理不平衡的数据分布，尤其是 nidd-imbalance，这通常被认为是分布式学习中最具挑战性的分布之一。

7.4.5   资源预算的影响

资源预算是影响训练过程中参数共享的重要因素。为了分析具有不同资源预算的 GossipSGD、D-PSGD 和 Alpha-GossipSGD 的学习效果，在保持通信资源不变的情况下调整了计算资源，其对训练的影响如图 7.6 所示。类似地，在保持计算资源不变的同时，调整通信资源预算，获得了如图 7.7 所示的结果。在图 7.6 中，线条颜色越深，资源预算越高。

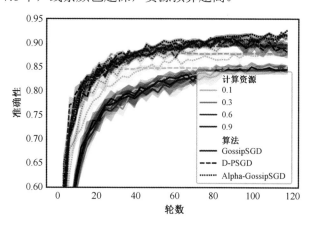

图 7.6   计算资源预算对训练的影响

如图 7.6 所示，随着计算资源的增加，Alpha-GossipSGD 和 D-PSGD 的训练效果不断提高。这是因为在资源丰富的情况下，可以通过类似的方式共享 Alpha-GossipSGD 和 D-PSGD。但是，当计算资源预算超过 0.6 时，计算资源对 Alpha-GossipSGD 的影响不再明显。这是因为通信资源没有与计算资源同时增加，并且通信资源成为 Alpha-GossipSGD 和 D-PSGD 的瓶颈，从而提高了训练效果。但是 Alpha-GossipSGD 可以动态调整学习过程，其通信瓶颈的影响不如 D-PSGD 明显。此外，当计算资源不足时（如具有 0.1 和 0.2 的曲线的计算资源），D-PSGD 会过早耗尽计算资源预算，导致其准确性不再提高约 30 倍和 60 倍。相反，Alpha-GossipSGD 通过控制学习过程可以更好地适应不同的计算资源预算。

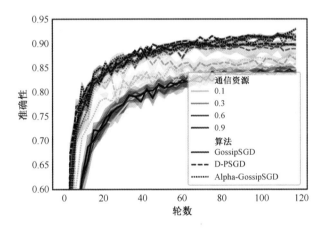

图 7.7　通信资源对训练的影响

通信资源预算对训练的影响与计算资源的影响相似。但是不同之处在于，当通信资源不足时，D-PSGD 算法的准确性不会停止提高，而是会缓慢变化。这时，D-PSGD 和 Alpha-GossipSGD 算法的训练效果不断恶化，并且显示出与 GossipSGD 类似的效果。GossipSGD 对通信资源预算和计算资源预算不敏感。

7.4.6 终端设备移动性的影响

由于不同的终端设备的移动速度不同，应测试终端设备移动性的影响。为此，在仿真环境中调整终端设备的移动速度。

如图 7.8 所示，终端设备的移动速度对三种算法的训练效果影响不大。这是因为 LR 模型很小，只有（784×10+10）个参数。因此，传输时间短，并且不容易受到终端设备移动速度的影响。因此，在终端设备中，当要训练的模型较小时，可以忽略终端设备移动速度的影响，并且可以根据模型的大小来调整 μ 的值。

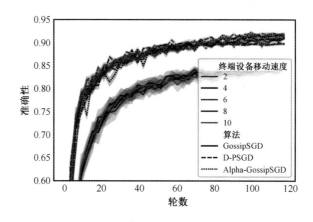

图 7.8　终端设备移动性对训练效果的影响

7.4.7 终端设备规模的影响

为了比较 GossipSGD、D-PSGD 和 Alpha-GossipSGD 在不同数量终端设备上的性能，将终端设备数量从 5 台调整为 50 台，得到如图 7.9 所示的结果。图 7.9 中，虚线对应的准确性为 0.8。

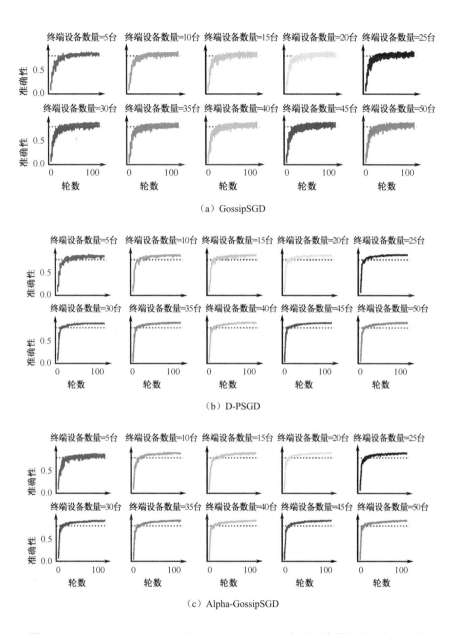

图 7.9　GossipSGD、D-PSGD 和 Alpha-GossipSGD 在不同数量终端设备上的性能

在图 7.9 中，随着终端设备数量的增加，GossipSGD 中终端设备的准确性分布变得越来越分散，并且 GossipSGD 算法的训练效果不受终端设备数量的显著影响。相反，随着终端数量的增加，D-PSGD 和 Alpha-GossipSGD 的

训练效果不断提高，不同终端设备的准确性收敛得更加明显。当终端设备数量为 5 台时，D-PSGD 显示的训练效果比 Alpha-GossipSGD 更稳定。这是因为空间中的终端设备密度很小，因此很少充分利用用于参数共享的资源。总结了这些算法的准确性在表 7.3 中的不同终端设备数量中的位置，以便于进一步比较。

表 7.3　GossipSGD、D-PSGD 和 Alpha-GossipSGD 在不同数量终端设备上训练 LR 的准确性比较

LR 的准确性					
终端设备数量/台	5	10	15	20	25
GossipSGD	0.845	0.849	0.831	0.828	0.843
D-PSGD	0.877	0.897	0.901	0.896	0.909
Alpha-GossipSGD	0.853	0.905	0.917	0.914	0.908
LR 的准确性					
终端设备数量/台	30	35	40	45	50
GossipSGD	0.839	0.838	0.842	0.843	0.842
D-PSGD	0.901	0.917	0.918	0.913	0.915
Alpha-GossipSGD	0.921	0.927	0.925	0.926	0.924

表 7.3 中，随着终端设备数量的增加，GossipSGD 的准确性没有明显变化，而 D-PSGD 和 Alpha-GossipSGD 的准确性却不断提高。当终端设备数量大于 10 台时，Alpha-GossipSGD 的准确性高于 D-PSGD。这是因为随着终端设备数量的增加，空间中终端设备的密度变大，并且终端设备之间共享参数的机会也变大。此时，Alpha-GossipSGD 可以更好地适应有限的资源，并且显示出比 D-PSGD 更高的准确性。

7.4.8　原型系统测试

以上仿真实验验证了所提出的 GREAT 的优越性。为了进一步验证 GREAT 的实用性，在原型系统中测试了其 CPU、内存、能耗和其他开销。将

GREAT 部署在智能手机 MI 6（配备有 Snapdragon 835 @ 2.45GHz，6GB RAM）和平板电脑 HUAWEI MatePad Pro 5G（配备了 Huawei Kirin 990 5GB，8GB RAM）上。数据集和深层模型设置与模拟实验相同。这些模型首先由 TensorFlow 生成，然后通过"org.tensorflow: tensorflow-android"包部署到 Android，它们之间共享的模型参数通过 Wi-Fi 和 socket 协议实现。

在华为 MatePad Pro 5G 上利用 GREAT 训练 CNN 模型时，每个训练周期的 CPU、内存和能量开销如图 7.10 所示。该训练周期包含了 GREAT 的本地更新、网络分析和 α-gossip 阶段。其中，网络分析在图 7.10 "MainActivity-stopped-"上方第一个圆点对应的位置结束，α-gossip 在第二个圆点对应的位置结束，本地更新对应图 7.10 中的剩余部分。从能耗的角度来看，系统在执行 GREAT 训练时的能耗略微增加，而 CPU 和内存的开销更为明显一些。

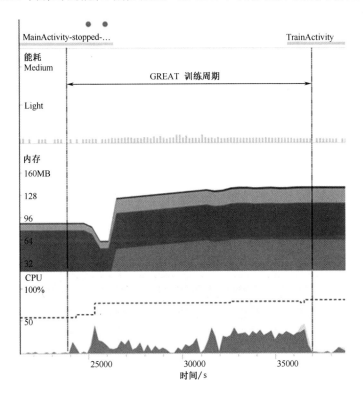

图 7.10　GREAT 框架下训练 CNN 的一个周期内的 CPU、能量和内存开销

从内存的角度来看，GREAT 在网络分析期间消耗了大约 85MB 的内存。这是因为此时应用程序仍处于应用的 MainActivity 中。当输入 α-gossip 时，MainActivity 正在停止，它所占用的内存正在释放，因此内存开销减少到大约 50MB。当 α-gossip 结束时，GREAT 进入本地更新阶段，终端设备开始重新加载模型和数据集并执行本地更新，并且内存占用增加到大约 130MB。与这些终端设备的 6GB 和 8GB 的总内存相比，GREAT 的内存消耗是可接受的。从 CPU 使用率的角度来看，GREAT 首先进入了两个 CPU 使用率的高峰，分别对应于网络分析阶段和 α-gossip 阶段。之后，GREAT 开始为新一轮局部更新加载模型和数据集。由于已经完成了模型和数据集的加载，局部更新的 CPU 使用率在起始时维持在较低状态。之后，随着训练的开始，CPU 使用率迅速提高并保持了一段时间。在 GREAT 的整个训练周期中，CPU 使用率不超过 50%。

在原型系统中，用于训练 LR、MLP、CNN 和 RNN 的 GREAT 训练周期的开销总结如表 7.4 所示。可以看出，GREAT 训练 LR 所需的开销最小，训练 MLP 和 CNN 的开销相等，而训练 RNN 的开销最大。此处，存储开销是将每个模型存储为检查点的大小。对于这些最常用的深度模型，GREAT 可以在可接受的范围内完成训练。通常，GREAT 更适合在智能手机和平板电脑等设备中训练小型模型。对于较大的模型，可以先执行诸如网络剪枝之类的操作，然后通过 GREAT 进行微调。总体而言，GREAT 可以基于终端设备实现大多数终端设备信息处理场景下的智能模型学习训练需求。

表 7.4　原型系统执行一个 GREAT 训练周期的各类开销

终端设备		指标				
		CPU/s	存储/KB	能耗/J	带宽/（KB/s）	时间/s
小米 6	LR	1.506	20.551	6.101	26.482	2.144
	MLP	28.141	29.342	109.243	34.273	46.668
	CNN	15.491	58.518	63.565	66.578	32.381
	RNN	87.232	1498.633	351.987	2102.311	107.649
华为 MatePad Pro	LR	0.856	20.551	5.476	36.279	1.492
	MLP	6.149	29.342	40.351	48.368	12.382
	CNN	6.544	58.518	44.123	84.471	13.25
	RNN	34.359	1498.633	219.683	3512.260	48.944

7.5 本章小结

聚焦于后端不可达情况下终端智能模型的学习训练问题，本章通过让每台终端设备选择链路可靠性高于阈值 α 的 gossip 伙伴，提出了一种新颖的分布式学习框架 GREAT，以实现在不可靠的网络上训练终端智能模型，同时避免恶意用户加入学习过程。在该框架的基础上，本章进一步考虑资源限制和网络的不可靠性，提出了一个优化问题来提高模型学习训练的有效性，并给出了该问题的一个近似解决方案，从而设计了动态控制算法 Alpha-GossipSGD，以最大限度地利用终端资源。

严格地说，Alpha-GossipSGD 中使用的方法是一个同步时间模型，该模型在每个节点中需要相同的时钟，并且会造成部分等待时间浪费。在后续工作中，我们考虑将每台终端设备的时间模型改进为异步方案，以进一步提高 Alpha-GossipSGD 的性能。

LocalUpdate（$w_i^{(t)}$）函数、FedAvg 及 C-FedAvg 算法

A.1 LocalUpdate（$w_i^{(t)}$）函数

LocalUpdate($w_i^{(t)}$) 函数对应 6.3 节中的本地训练环节，该函数基于 SGD 等常用模型训练方法和本地数据对模型参数进行更新。

一般而言，联邦学习方法的本地训练有按次数同步和按时间同步两种方式。在实际部署时，由于不同终端的计算资源和通信资源状况是不同的，按次数同步的本地训练方法会导致大量提前完成任务的节点的等待时间较长。尤其是在开放环境下，终端设备高度异构，这一问题更加突出。因此，我们采用按时间同步的本地训练方式，函数 LocalUpdate($w_i^{(t)}$) 的伪代码如算法 A.1 所示。

算法 A.1   LocalUpdate($w_i^{(t)}$)函数

1: 根据预设的联邦学习协议初始化终止时间 $\tilde{t}$ [124]; 剩余时间 $t_r \leftarrow \infty$; 处理次数 $\tau \leftarrow 0$; 预计时间开销 $\Delta t \leftarrow 0$.

2: **repeat**

3:　　更新开始时间 $t_{\text{start}} \leftarrow t_{\text{now}}$;

4:　　按照式（6.5）计算 $w_i^{\left(t+\frac{1}{2}\right)}$ 或 $g_i^{(t)}$;

5　　更新本轮处理次数 $\tau^+ = 1$

6　　更新本次迭代的训练时间开销 $t_{l_p} \leftarrow t_{\text{now}} - t_{\text{start}}$;

7　　计算一次迭代的平均时间成本 $\Delta t = \dfrac{t_{l_p} + (\tau - 1)\Delta t}{\tau}$;

8　　更新剩余时间 $t_r = \tilde{t} - t_{\text{now}}$;

9: **until**　 $t_r - \Delta t < 0$;

10:**return** $w_i^{\left(t+\frac{1}{2}\right)}$ 或 $g_i^{(t)}$.

A.2　FedAvg 及 C-FedAvg 算法

由于传统聚合算法（如 FedSGD 等[109]）无法有效解决边缘节点通信受限的问题，McMahan 等人提出了 FedAvg[109]并在联邦学习中得到了广泛应用。

FedAvg 的动机是利用终端预留的计算资源来缓解通信瓶颈。具体而言，FedAvg 通过增加本地训练的次数 τ，以减少联邦学习所需的通信次数，提高每次通信的信息交换效率。根据文献[109]，我们假设联邦学习过程的每轮通信都是同步进行的，则 FedAvg 中的聚合算法 $f_{\mathrm{agg}}(\cdot)$ 可以表示为

$$w_*^{(t+1)} = \sum_{n_i \in \hat{N}} \frac{d_i}{d} w_i^{\left(t+\frac{1}{2}\right)} \tag{A.1}$$

式中，d_i 是终端设备 n_i 本地训练时使用的样本数，$d = \sum_{n_i \in \hat{N}} d_i$。在完成聚合后，服务器将聚合后的模型参数 $w_*^{(t+1)}$ 发送给终端设备作为 $w_i^{(t+1)}$ 进行新一轮的解搜索。由于 $w_i^{\left(t+\frac{1}{2}\right)} = w_i^{(t)} + \eta g_i^{(t)}$，因此聚合器和终端设备之间传输的信息也可以用模型梯度 $g_i^{(t)}$ 代替，式（A.1）可被修改为

$$w_*^{(t+1)} = w_*^{(t)} + \eta \sum_{n_i \in \hat{N}} \frac{d_i}{d} g_i^{(t)} \tag{A.2}$$

除了多次进行本地训练以减少通信次数外，FedAvg 还通过减少参与训练的终端总数以减少服务器所需接收的总字节量。根据本文的研究，我们认为这实际上等价于 6.2.3 节中所讨论的子抽样梯度压缩方法。

使用算法 A.1 作为联邦学习的解搜索方法，结合选择终端的子抽样方法，经典的 FedAvg（Plain FedAvg）可通过算法 A.2 实现。而有梯度压缩的 FedAvg（C-FedAvg）则可以通过压缩算法 A.2 中所传输的梯度或模型参数实现，在此不做赘述。

算法 A.2 Plain FedAvg

已知: 初始化值 $w_*^{(0)} \in \mathbf{R}^d$.

求: 训练结果 $w_*^{(T)}$.

1: **for** $t = 0, 1, \cdots, T-1$ **do**

2: $\quad \hat{N} \leftarrow$ 从终端设备 N 中进行随机抽样;

3: $\quad$ **for** $n_i \in \hat{N}$ 并行地 **do**

4: $\qquad w_i^{(t)}$ 从聚合器接受的 $w_*^{(t)}$;

5: $\qquad w_i^{\left(t+\frac{1}{2}\right)}$ 或 $g_i^{(t)} \leftarrow \text{LocalUpdate}(w_i^{(t)})$;

6: $\qquad$ 发送 $w_i^{\left(t+\frac{1}{2}\right)}$ 或 $g_i^{(t)}$ 给服务器;

7: $\quad$ **end for**

8: $\quad w_*^{(t+1)} \leftarrow$ 按式（A.1）或式（A.2）进行参数聚合;

9: **end for**

定理 6.1 证明

首先，我们从全局的角度分析算法 6.1。根据式（6.15），$\hat{w}_*^{(t+1)}(j)$ 等价于 $\sum_i \dfrac{d_i}{d}\hat{w}_i^{(t+1)}(j)$。当不考虑通信不稳定性和终端设备选择问题时，式（6.16）中每台终端设备的模型更新等价于：

$$
\begin{aligned}
w_i^{(t+1)}(j) &= w_i^{\left(t+\frac{1}{2}\right)}(j) + \gamma_t \sum_{n_i}\left(\frac{d_{n_i}}{d}\hat{w}_{n_i}^{(t)}(j)\right) - \hat{w}_i^{(t)}(j) \\
&= w_i^{\left(t+\frac{1}{2}\right)}(j) + \gamma_t \sum_{n_i}\frac{d_{n_i}}{d}(\hat{w}_{n_i}^{(t+1)}(j) - \hat{w}_i^{(t+1)}(j))
\end{aligned}
\tag{B.1}
$$

当不可靠的网络在终端设备 c_i 和服务器 a_j 之间以 p_{ij} 的概率丢包，协调器以 p_s 的概率选择终端设备时，每台终端设备的模型更新为

$$
w_i^{(t+1)}(j) = w_i^{\left(t+\frac{1}{2}\right)}(j) + \gamma_t \sum_{n_i \in \hat{N}}\frac{d_{n_i}}{d}x_{ij}^t(i,j)(\hat{w}_{n_i}^{(t+1)}(j) - \hat{w}_i^{(t+1)}(j))
\tag{B.2}
$$

式中，$x_{ij}^t(i,j)=\{0,1\}$ 是一个概率为 $(1-p_{ij})^2$ 的时变随机变量，$\hat{N}$ 是按照概率 p_s 从终端设备中随机选取的子集。

我们可以将式（B.2）用矩阵形式表述为

$$
W^{(t+1)}(j) = W^{\left(t+\frac{1}{2}\right)}(j) + \gamma_t \hat{W}^{(t+1)}(j)(\boldsymbol{D}_j^{(t)} - \boldsymbol{I}), \boldsymbol{D}_j^{(t)} = \text{diag}\left\{\frac{d_i}{d}\right\}\boldsymbol{X}_j^t
\tag{B.3}
$$

式中，$\hat{W}^{(t+1)}(j)$ 是每台终端设备基于 $W^{(t)}(j)$ 执行本地更新的结果，$W^{(t)}(j)=[w_1^{(t)}(j),w_2^{(t)}(j),\cdots,w_n^{(t)}(j)]$；$\text{diag}\left\{\dfrac{d_i}{d}\right\}$ 是一个对角矩阵；$\boldsymbol{X}_j^t$ 是一个按照概率 $p_s(1-p_{ij})^2$ 得到的 $n\times n$ 的 $0-1$ 矩阵。

当 $d_1=d_2=\cdots=d_n$ 时，矩阵 $\boldsymbol{D}_j^{(t)}$ 每行和每列元素的期望和是一个相同的常数 $p_s(1-p_{ij})^2$。我们可以使用对称的双随机矩阵 $\boldsymbol{X}$ 重写式（B.3）：

$$
W^{(t+1)}(j) = W^{\left(t+\frac{1}{2}\right)}(j) + \frac{\gamma_t}{p_s(1-p_{ij})^2}\hat{W}^{(t+1)}(j)(\boldsymbol{X} - \boldsymbol{I})
\tag{B.4}
$$

当 $p_s=1$，$p_{ij}=0$ 时，式（B.4）与 Choco-gossip 算法的全局更新相同，参见文献[111]中附录 B 的内容。

当局部训练不再更新 $W^{(t)}(j)$ 的值，即 $W^{\left(t+\frac{1}{2}\right)}(j)=W^{(t)}(j)$ 时，令 $\gamma'=\dfrac{\gamma_t}{p_s(1-p_{ij})^2}$，根据文献[111]中的定理 2，式（B.4）线性收敛到一个平均

共识：

$$e_t \leqslant \left(1 - \frac{\delta^2(1-\varepsilon_t)}{82}\right)^t e_0 \qquad\qquad (\text{B.5})$$

取 $\gamma' = \dfrac{\delta^2(1-\varepsilon_t)}{16\delta + \delta^2 + 4\beta^2 + 2\delta\beta^2 - 8\delta(1-\varepsilon_t)}$，其中，$\varepsilon_t$ 为根据式（6.9）压缩的信息损失率，终端设备之间的期望差异 e_t 为

$$e_t = E_C\left(\left\|w_i^{(t)}(j) - \overline{w}^{(t)}(j)\right\|^2 + \left\|w_i^{(t)}(j) - \hat{w}_i^{(t)}(j)\right\|^2\right) \qquad (\text{B.6})$$

因此，当式（B.4）中的 γ_t 满足 $\gamma_t = \dfrac{\delta^2(1-\varepsilon_t)p_s(1-p_{ij})^2}{16\delta + \delta^2 + 4\beta^2 + 2\delta\beta^2 - 8\delta(1-\varepsilon_t)}$ 时，

根据文献[111]中的定理 4，对采用 SGD 的 $W^{(t)} \to W^{\left(t+\frac{1}{2}\right)}$，式（B.4）中的终端模型块速率收敛为

$$E(f(w_*^{(T)}) - f^*) = O\left(\frac{\overline{\sigma}^2}{\mu n T}\right) + O\left(\frac{L\zeta^2}{\mu^2(1-\varepsilon_t)^2\delta^4 T^2}\right) + O\left(\frac{\zeta^2}{\mu(1-\varepsilon_t)^3\delta^6 T^3}\right)$$

$$(\text{B.7})$$

式中，f^* 是 f 的最小值，$\overline{\sigma}^2 = \dfrac{1}{n}\sum_{i=1}^{n}\sigma_i^2$。$\delta$ 为式（B.4）中 $\boldsymbol{X}$ 的第二大特征值，$\beta = \|\boldsymbol{I} - \boldsymbol{X}\|_2$。$\varepsilon_t$ 是压缩运算造成的损失率，a_t 的值满足 $a_t \geqslant \max\left\{\dfrac{410}{\delta^2(1-\varepsilon_t)}, \dfrac{16L}{\mu}\right\}$。

根据这一结论，当通信压缩引起的信息丢失率 ε_t 较大时，式（B.7）中的第二项和第三项的值越大，训练结果 $f(w_*)$ 与最优解 f^* 之间的差距也越大。

因为算法 6.1 根据可用带宽和模型块大小动态调整压缩率，ε_t 是时变的。假设执行联邦学习时终端设备可用的带宽是有限的。例如，当可用带宽小于 0.1MBps 时，系统认为链路不可达；当带宽大于 0.1MBps 时，发送模型块。那么 $\varepsilon_t \neq 0$，式（B.7）的第二项和第三项也是有界的。然后，将最大信息损失率 $\varepsilon_{\max}$ 代入式（B.7）中，可以推导出定理 6.1。

Alpha-GossipSGD
中的相关函数

Alpha-GossipSGD 中的三个步骤以函数算法的形式实现，即 LocalUpdate 函数、MNLRS 函数、Alpha-Gossip 函数。

C.1　LocalUpdate 函数

算法 C.1 给出了 LocalUpdate 函数。它对应 LocalUpdate 步骤，其中每台终端设备 n_i 使用本地数据 D_i 通过 SGD 训练其模型。我们将这些变量作为输入：本地数据集中的样本 D_i，尚未用于训练的样本数 n_d，每次迭代的预定义本地更新时间 t_a，当前模型 w_i 存储在图 7.2 的版本发行器中。返回的是经过训练的模型 w_i'、资源消耗的估计值 $\hat{c}_l$ 和刷新的整数 n_d。

算法 C.1　LocalUpdate 函数

已知: D_i , n_d , t_a , $w_i(t)$, η .

求: w_i' , n_d , c_l .

1: 初始化 timer $\leftarrow 0, w \leftarrow w_i(t)$;

2: 激活 timer;

3: **repeat**

4:　　 $p \leftarrow$ 随机整数 $0 \leq p < n_d$;

5:　　 将 $D_i[p], w$ 和 η 代入式（7.11）计算 $\tilde{w}$;

6:　　 $w \leftarrow \tilde{w}$

7:　　 交换 $D_i[p]$ 和 $D_i[n_d - 1]$;

8:　　 $n_d \leftarrow n_d - 1$;

9:　　 **if** $n_d = 0$ **then**

10:　　　　 $n_d \leftarrow$ length[D_i];

11:　　 **end if**

12: **until** timer $> t_a$;

13: 估计资源开支 $\hat{c}_l$;

14: $w_i(t + t_a) \leftarrow w$;

15: **return** $w_i(t + t_a), n_d, \hat{c}_l$;

在此功能中，开始时会激活 timer，以控制本地更新的过程。当 timer $> t_a$

时，此 timer 将单独运行并结束训练周期。我们将 D_i 作为数据样本的数组列表，其中训练后的样本是具有比 n_i 更大或相等的索引（从 0 开始）的元素。在训练周期中，它从未经训练的样本中随机选择一个数据样本，然后根据式（7.11）执行随机梯度下降。计算后，所选样本将与 D_i 中的最后一个未经训练的样本进行交换[①]。最后，一旦该训练周期停止，变量 $w_{i'}$ 的值、n_d 和 $\hat{c}_l$ 被返回。

C.2　MNLRS 函数

算法 C.2 给出了终端链路可靠性排序函数（MNLRS 函数）来分析 n_i 和 n_j 之间的链路可靠性，这对应 α-gossip 学习中的网络分析步骤。它被部署在每台终端设备 n_i 中，其结果 Ω_i 是一个元组列表，以链路可靠性的降序排列。我们将重点放在移动设备上，并将移动性和终端设备故障作为衡量可靠性的主要标准。

在 7.3.1.1 节中，链路可靠性的计算方法如下：

$$r_{ij}(t) = e^{-(\lambda_i + \lambda_j)t} \int_0^T \frac{\lambda_{ij}^{r_{ij}}}{\Gamma(r_{ij})} x^{r_{ij}-1} e^{-\lambda_{ij}x} dx \qquad (\text{C.1})$$

式中，λ_i、λ_j 表示终端设备 n_i 和 n_j 单位时间的平均错误数；λ_{ij}、r_{ij} 可以通过相关函数 $\phi_\lambda(\cdot)$ 和 $\phi_k(\cdot)$ 来计算。

根据式（C.1），如果我们可以得到 k_{ij} 和 λ_{ij} 的准确值，则可以依据相关函数 $\phi_\lambda(\cdot)$ 和 $\phi_k(\cdot)$ 计算出 n_i 和 n_j 之间链路的可靠度。但是，很难精确表示 $\phi_\lambda(\cdot)$ 和 $\phi_k(\cdot)$。回到我们提出的方案的动机，可靠地使用链路的 α-gossip 学习，通过按照降序排列链路来从邻居中选择伙伴。如果我们可以找到另一个函数来替换真实可实现的式（C.1），从而可以得到相同的链路顺序，则所选链路将相同。因此，链路可靠度由一个函数来衡量：

$$\tilde{r}_{ij} = e^{-(\lambda_i + \lambda_j)(t_b + t_c)} (\beta \text{RSSI}_{ij} \cdot \gamma v_{ij}) \qquad (\text{C.2})$$

式中，γ 和 β 是表示相对速度 v_{ij} 和 RSSI_{ij} 是对链路可靠性的影响系数，RSSI

[①] 尽管 $p = n_d - 1$ 时，交换 $D_i[p]$ 和 $D_i[n_d - 1]$ 可能没有意义，但直接交换它们比判断它们是否相等更有效。因为不相等频率远大于相等频率，特别是在 D_i 很大时。

是大多数通信方式的接收信号强度指示。

对于特定的通信方式，根据相对移动速度的影响和 RSSI 的估计方法来固定 β 和 γ。这意味着在相同的通信方法之间进行比较时，可以忽略这些参数。请注意，由式（C.2）计算的 $\tilde{r}_{ij}$ 只是一个用于比较链路可靠性的值，其取值范围可能超过实际链路可靠性的[0,1]（概率值）。

因此，式（C.1）可简化为

$$\tilde{r}_{ij} = \mathrm{e}^{-(\lambda_i + \lambda_j)(t_b + t_c)} \frac{\mathrm{RSSI}_{ij}}{\mathrm{maxRSSI}} \cdot \frac{v_{ij}}{\mathrm{max}v_{ij}} \tag{C.3}$$

式中，$\mathrm{maxRSSI}_{ij}$ 是通信协议中 RSSI 的最大值；$\mathrm{max}v_{ij}$ 是终端设备的最大相对速度，可以通过将每台终端设备的最大速度求和而获得。这样，必须至少存在一个现实 $r_{ij} = 1$ 的链路，并且如果存在 α_i，则将至少选择一个链路。请注意，$\tilde{r}_{ij}$ 与实际可靠性不同，它不能用于分析 α-gossip 的收敛性。

由于大多数移动设备都配备了 GPS 和加速计等传感器，因此可以轻松获得终端 n_i 的速度。观察到的相对移动速度 v_{ij} 可以通过下式计算：

$$\tilde{v}_{ij} = \left\| V_i - V_j \right\|_2 \tag{C.4}$$

式中，V_i 和 V_j 是终端设备速度的传感器测量值。

算法 C.2   终端链路可靠性排序函数（MNLRS 函数）

已知: id, λ_i, t_b, t_c, V_i.

求: Ω_i, $\hat{c}_n$, $\hat{b}_n$.

1: 初始化 timer ← 0, listener ← [null], Ω_i ← [null], temp = 0;

2: 激活 timer, listener;

3: 广播 greet 信息: (id, λ_i, V_i);

4: **repeat**

5:      **while** length[listener] > temp **do**

6:          LQI, j, λ_j, V_j ← listener[temp];

7:          根据式（C.4）计算 $\tilde{v}_{ij}$；

8:          根据式（C.3）计算 $\tilde{r}_{ij}$；

9:          将 $(j, \tilde{r}_{ij})$ 按照 $\tilde{r}_{ij}$ 的值降序插入 Ω_i 中；

```
10:                    temp ← temp + 1;
11:        end while
12: until timer > $t_a$ ;
13: 估计资源开销  $\hat{c}_n, \hat{b}_n$ ;
14: return  $\Omega_i, \hat{c}_n, \hat{b}_n$ ;
```

因此，MNRLS 函数通过式（C.3）的另一种方法来分析可靠性。在该算法中，大多数输入参数是预定义的，包 id、错误率 λ_i、时间 t_b 和 t_c。观测到的速度 n_i 是从传感器获得的 V_i。该算法首先激活类似算法 C.1 的 timer 和 listener 来缓存信号中的消息。一旦 listener 收到了一条新消息（length[listener] > temp），该消息将被解析，并且它的来源将被视为邻居。来自 n_j 的消息是由 RSSI 问候信息(id, λ_j, V_j)组成的三元组。对于每个消息，可以通过解析的新消息上的式（C.3）和式（C.4）来计算可靠度 $\tilde{r}_{ij}$。计算后，$(j, \tilde{r}_{ij})$ 将被插入 Ω_i 中，以方便后续的链路选择。

C.3 Alpha-Gossip 函数

建议使用功能函数 Alpha-Gossip 函数交换信息并更新与 α -gossip 步骤相对应的本地模型 w_i。它需要本地模型 w_i，来自 MNLRS 函数的网络分析结果 Ω_i，其余的通信和计算资源 B_i、C_i，其余的迭代次数 T^* 和系数 $k_{c\alpha}$、$k_{b\alpha}$、k_{cn}、k_{bn}、c_l 作为选择链路的输入。请注意，输入值 k_{cn}、k_{bn}、c_l 是通过相同的迭代来计算或获取的，但是 $k_{c\alpha}$ 和 $k_{b\alpha}$ 是根据资源消耗 $\hat{c}_\alpha$、$\hat{b}_\alpha$ 最后一次迭代获得的[①]。基于这些参数，这些函数可以返回更新的模型 w_i' 和消耗的资源 $\hat{c}_\alpha$ 和 $\hat{b}_\alpha$。其伪代码显示在算法 C.3 中。

---

① 对于第一次迭代，即 $T^* = T$，α 直接是 0。这意味着要和 Ω_i 中的每个邻居交换信息。

算法 C.3   Alpha-Gossip 函数

已知: $w_i, \Omega_i, B_i, C_i, T^*, t_c, k_{c\alpha}, k_{b\alpha}, k_{cn}, k_{bn}, c_l$.

求: $w_i, \hat{c}_\alpha, \hat{b}_\alpha, \rho_i$.

1: 初始化 timer ← 0, listener ← [null], W ← [null], ∂_i ← length[Ω_i], temp ← 0;

2: 激活 timer, listener;

3: **if** $k_{ca} = 0$ **and** $k_{ba} = 0$ **then**

4:      $\rho_i \leftarrow \partial_i$;

5: **else**

6:      根据式（C.5）计算 ρ_i^c ;

7:      根据式（C.6）计算 ρ_i^b ;

8:      根据式（C.7）计算 ρ_i ;

9: **end if**

10: **for** $j = 0 \rightarrow \rho_i$ **do**

11:      将 w 发送给终端 $\Omega_i[j][1]$;

12: **end for**

13: **repeat**

14:      **while** length[listener] > temp **do**

15:          将 w_j 赋于 W;

16:          temp ← temp + 1;

17:      **end while**

18: **until** timer > t_c ;

19: 将 w 赋于 W;

20: $w_i' < \text{avg}(W)$;

21: 估计资源消耗 $\hat{c}_\alpha, \hat{b}_\alpha$;

23: **return** $w_i', \hat{c}_\alpha, \hat{b}_\alpha, \rho_i$;

在本书的 7.3.3 节中，有：

$$\rho_i^b = \left\lfloor \frac{1}{k_{b\alpha}} \left(\frac{B_i}{T} - k_{bn}\partial_i \right) \right\rfloor \tag{C.5}$$

式中，$\lfloor x \rfloor$ 表示小于或等于 x 的最大整数。

$$\rho_i^c = \left\lfloor \frac{1}{k_{c\alpha}} \left(\frac{C_i}{T} - c_l - k_{cn}\partial_i \right) \right\rfloor \tag{C.6}$$

因为 α 的值等于 Ω_i 中的第 ρ_i^{th} 个元素，所以式（7.29）等效于找到 Ω_i 的

索引 ρ_i：

$$\rho_i = \max\left\{\rho_i^c, \rho_i^b\right\} \qquad\qquad (\text{C.7})$$

式中，ρ_i^c、ρ_i^b 是从式（C.5）和式（C.6）获得的。

我们使用式（C.7）简化了链路的选择过程，在该过程中，所选链路可以视为 Ω_i 中的大于 ρ_i 的元素。选择后，Alpha-Gossip 函数将其本地模型 w_i 发送到选定的链路，并从其伙伴那里监听消息，直到 timer $> t_c$。最后，在预留时间 t_o 被用完之前，将所有接收到的模型和本地模型平均化，并估计资源消耗 $\hat{c}_\alpha$、$\hat{b}_\alpha$。

参考文献

[1] 习近平在2014年两院院士大会上的讲话[EB/OL]. 2014. http://news.sciencenet.cn/htmlnews/2014/6/296286.shtm.

[2] Terminal (electronics)[EB/OL]. 2021. https://en.wikipedia.org/wiki/Terminal_(electronics).

[3] Ericsson Mobility Report[EB/OL]. 2021. https://www.ericsson.com/en/reports-and-papers/mobility-report/reports.

[4] SHAKHATREH H, SAWALMEH A, AL-FUQAHA A I, et al. Unmanned Aerial Vehicles: A Survey on Civil Applications and Key Research Challenges[J]. arXiv preprint, 2018, arXiv:1805.00881.

[5] 李肯立, 刘楚波. 边缘智能: 现状和展望[J]. 大数据, 2019, 5(3): 72-78.

[6] 国务院关于印发新一代人工智能发展规划的通知[EB/OL]. 2017. http://www.gov.cn/zhengce/content/2017-07/20/content_5211996.htm.

[7] 肖文华, 包卫东, 朱晓敏, 等. 机会式边缘计算协同方法研究[M]. 北京: 兵器工业出版社, 2021.

[8] 黄罡, 梅宏. 云-端融合: 一种云计算新模式[J]. 中国计算机学会通讯, 2016, 12(11): 20-22.

[9] 施魏松, 张星洲, 王一帆, 等. 边缘计算: 现状与展望[J]. 计算机研究与发展, 2019, 56(1): 68-69.

[10] PALLIS G, VAKALI A. Insight and Perspectives for Content Delivery Networks[J]. Communications of the ACM, 2006, 49(1): 101-106.

[11] SATYANARAYANAN M, BAHL P, CACERES R, et al. The Case for VM-Based Cloudlets in Mobile Computing[J]. IEEE Pervasive Computing, 2009, 8(4): 14-23.

[12] SHI W, CAO J, ZHANG Q, et al. Edge Computing: Vision and Challenges[J]. IEEE Internet of Things Journal, 2016, 3(5): 637-646.

[13] 杨强. 联邦学习：人工智能的最后一公里[J]. 智能系统学报, 2020, 15(1): 183-186.

[14] KAKHBOD A, TENEKETZIS D. Power Allocation and Spectrum Sharing in Multi-User, Multi-Channel Systems with Strategic Users[J]. IEEE Transactions on Automatic Control, 2012, 57(9): 2338-2342.

[15] BAE J, BEIGMAN E, BERRY R A, et al. Sequential Bandwidth and Power Auctions for Distributed Spectrum Sharing[J]. IEEE Journal on Selected Areas in Communications, 2008, 26(7): 1193-1203.

[16] CHEN X, JIAO L, LI W, et al. Efficient Multi-User Computation Offloading for Mobile-Edge Cloud Computing[J]. IEEE/ACM Transactions on Networking, 2016, 24(5): 2795-2808.

[17] ZHU Q, ZHANG X. Game-Theory based Power and Spectrum Virtualization for Maximizing Spectrum Efficiency over Mobile Cloud-Computing Wireless Networks[C]. Annual Conference on Information Sciences and Systems (CISS), 2015: 1-6.

[18] MARDEN J R, ARSLAN G, SHAMMA J S. Joint Strategy Fictitious Play with Inertia for Potential Games[J]. IEEE Transactions on Automatic Control, 2009, 54(2): 208-220.

[19] MONDERER D, SHAPLEY L S. Potential Games[J]. Games & Economic Behavior, 1996, 14(1): 124-143.

[20] XIANG X, LIN C, CHEN X. Energy-Efficient Link Selection and Transmission Scheduling in Mobile Cloud Computing[J]. IEEE Wireless Communication Letters, 2014, 3(2): 153-156.

[21] FANG W, LI Y, ZHANG H, et al. On the Throughput-Energy Tradeoff for Data Transmission between Cloud and Mobile Devices[J]. Information Sciences, 2014, 283(1): 79-93.

[22]   SUN X, ANSARI N. Energy-Optimized Bandwidth Allocation Strategy for Mobile Cloud Computing in LTE Networks[C]. IEEE Wireless Communications and Networking Conference (WCNC), 2015: 2120-2125.

[23]   HUANG J, SUBRAMANIAN V G, AGRAWAL R, et al. Joint Scheduling and Resource Allocation in Uplink OFDM Systems for Broadband Wireless Access Networks[J]. IEEE Journal on Selected Areas in Communications, 2007, 27(2): 265-269.

[24]   JOSILO S, DAN G. Selfish Computation Offloading for Mobile Cloud Computing in Dense Wireless Networks[J]. arXiv preprint, 2016, arXiv: 1604.05460.

[25]   CICALO S, TRALLI V. Fair Resource Allocation with QoS Support for the Uplink of LTE Systems[C]. European Conference on Networks and Communications (EuCNC), 2015: 180-184.

[26]   OSBORNE M J, RUBINSTEIN A. A Course in Game Theory[M]. Cambridge: MIT Press, 1994.

[27]   BROWN G W. Iterative Solution of Games by Fictitious Play[J]. Activity Analysis of Production & Allocation, 1954: 374-376.

[28]   INNOVATIONS, TELESYSTEM. LTE in a nutshell[R]. White paper, 2010.

[29]   ZHANG K, MAO Y, LENG S, et al. Energy-Efficient Offloading for Mobile Edge Computing in 5G Heterogeneous Networks[J]. IEEE Access, 2016, 4(8): 5896-5907.

[30]   NEELY M J. Distributed Stochastic Optimization via Correlated Scheduling[C]. Proceedings IEEE INFOCOM, 2014: 2418-2426.

[31]   SHENG X, TANG J, ZHANG W. Energy-Efficient Collaborative Sensing with Mobile Phones[C]. 2012 Proceedings IEEE INFOCOM, 2012: 1916-1924.

[32]   LOMBARDO A, PANARELLO C, SCHEMBRA G. A Model-Assisted Cross-Layer Design of an Energy-Efficient Mobile Video Cloud[J]. IEEE

Transactions on Multimedia, IEEE, 2014, 16(8): 2307-2322.

[33]   LIU C H, ZHANG B, Su X, et al. Energy-Aware Participant Selection for Smartphone-Enabled Mobile Crowd Sensing[J]. IEEE Systems Journal, 2017, 11(3): 1435-1446.

[34]   OH S Y, LAU D, GERLA M. Content Centric Networking in Tactical and Emergency Manets[C]. 2010 IFIP Wireless Days, 2010: 1-5.

[35]   GAO W. Opportunistic Peer-to-Peer Mobile Cloud Computing at the Tactical Edge[C]. IEEE Military Communications Conference (MILCOM), 2014.

[36]   CHEN C A, WON M, STOLERU R, et al. Resource Allocation for Energy Efficient K-out-of-N System in Mobile Ad hoc Networks[C]. IEEE International Conference on Computer Communications and Networks (ICCCN), 2013: 1-9.

[37]   CHEN C A, WON M, STOLERU R, et al. Energy-Efficient Fault-Tolerant Data Storage and Processing in Mobile Cloud[J]. IEEE Transactions on Cloud Computing, IEEE, 2015, 3(1): 28-41.

[38]   YANG D, XUE G, FANG X, et al. Crowdsourcing to Smartphones: Incentive Mechanism Design for Mobile Phone Sensing[C]. Proceedings of the International Conference on Mobile Computing and Networking (Mobicom), 2012: 173-184.

[39]   ABOLFAZLI S, SANAEI Z, SHIRAZ M, et al. MOMCC: Market-Oriented Architecture for Mobile Cloud Computing based on Service Oriented Architecture[C]. IEEE International Conference on Communications in China Workshops, 2012: 8-13.

[40]   PANTA R K, JANA R, CHENG F T, et al. Storage using an Autonomous Mobile Infrastructure[J]. IEEE Transactions on Parallel and Distributed Systems, IEEE, 2013, 24(9): 1863-1873.

[41]   WU Y, WANG Y, HU W, et al. Resource-Aware Photo Crowdsourcing through Disruption Tolerant Networks[C]. IEEE International Conference on

Distributed Computing Systems (ICDCS), 2016: 374-383.

[42] HAN Y, ZHU Y, YU J. Utility-Maximizing Data Collection in Crowd Sensing: An Optimal Scheduling Approach[C]. IEEE International Conference on Sensing, Communication, and Networking (SECON), 2015: 345-353.

[43] CHEN Q, WENG Z, HAN Y, et al. A Distributed Algorithm for Maximizing Utility of Data Collection in A Crowd Sensing System[J]. International Journal of Distributed Sensor Networks, 2016, 12(9): 1-10.

[44] WANG J, ZHU X, BAO W, et al. A Utility-Aware Approach to Redundant Data Upload in Cooperative Mobile Cloud[C]. 2016 IEEE International Conference on Cloud Computing (CLOUD), 2016: 384-391.

[45] LEE J, JINDAL N. Energy-Efficient Scheduling of Delay Constrained Traffic over Fading Channels[J]. IEEE Transactions on Wireless Communications, IEEE, 2009, 8(4): 1866-1875.

[46] ZHANG W, WEN Y, GUAN K, et al. Energy-Optimal Mobile Cloud Computing under Stochastic Wireless Channel[J]. IEEE Transactions on Wireless Communications, 2013, 12(9): 4569-4581.

[47] NEELY M J, RAGER S T, LA PORTA T F. Max Weight Learning Algorithms for Scheduling in Unknown Environments[J]. IEEE Transactions on Automatic Control, 2012, 57(5): 1179-1191.

[48] NEELY M J. Stochastic Network Optimization with Application to Communication and Queueing Systems[J]. Synthesis Lectures on Communication Networks, 2010, 3(1): 1-211.

[49] LEE J S, SU Y W, SHEN C C. A Comparative Study of Wireless Protocols: Bluetooth, UWB, ZigBee, and Wi-Fi[C]. IEEE Annual Conference on Industrial Electronics Society (IES), 2007: 46-51.

[50] ANDREI F, RYAN S. Cortex A53-Performance and Power-ARM A53/A57/T760 investigated[R]. 2015.

[51]　HE K, GKIOXARI G, DOLLAR P, et al. Mask R-CNN[C]. Proceedings of the IEEE International Conference on Computer Vision (ICCV), 2017.

[52]　CAO B, ZHENG L, ZHANG C, et al. DeepMood: Modeling Mobile Phone Typing Dynamics for Mood Detection[C]. Proceedings of ACM SIGKDD Conference on Knowledge Discovery and Data Mining (KDD), 2017: 747-755.

[53]　LI J, XIONG D, TU Z, et al. Modeling Source Syntax for Neural Machine Translation[C]. 55th annual meeting of the Association for Computational Linguistics (ACL), 2017: 4594-4602.

[54]　HAN S, POOL J, TRAN J, et al. Learning Both Weights and Connections for Efficient Neural Networks[C]. Proceedings of the 28th International Conference on Neural Information Processing Systems (NIPS), 2015: 1135-1143.

[55]　DING C, LIAO S, WANG Y, et al. CirCNN: Accelerating and Compressing Deep Neural Networks Using Block-CirculantWeight Matrices[J]. arXiv preprint, 2017, arXiv: 1708.08917.

[56]　LEE P, STEWART D, CALGUAR-POP C. Technology, media & telecommunications predictions 2016, Deloitte[R/OL]. Australia, 2016. https://policycommons.net/artifacts/10731355/technology-media-telecommunications-predictions-2016/11621597/ on 26 Mar 2024.

[57]　YU J, LUKEFAHR A, PALFRAMAN D, et al. Scalpel: Customizing DNN Pruning to the Underlying Hardware Parallelism[C]. Proceedings of the 44th Annual International Symposium on Computer Architecture (ISCA), 2017: 548-560.

[58]　LANE N D, GEORGIEV P. Can Deep Learning Revolutionize Mobile Sensing?[C]. Proceedings of the 16th International Workshop on Mobile Computing Systems and Applications (HotMobile), 2015: 117-122.

[59]　PAPERNOT N, MCDANIEL P, JHA S, et al. The Limitations of Deep

Learning in Adversarial Settings[C]. IEEE European Symposium on Security and Privacy (EuroS P), 2016: 372-387.

[60]   TEERAPITTAYANON S, MCDANEL B, KUNG H T. Distributed Deep Neural Networks Over the Cloud, the Edge and End Devices[C]. IEEE 37th International Conference on Distributed Computing Systems (ICDCS), 2017: 328-339.

[61]   LEDIG C, THEIS L, HUSZAR F, et al. Photo-Realistic Single Image Super-Resolution Using a Generative Adversarial Network[C]. IEEE Conference on Computer Vision and Pattern Recognition (CVPR), 2017: 4681-4690.

[62]   GANTI R K, YE F, LEI H. Mobile Crowdsensing: Current State and Future Challenges[J]. IEEE Communications Magazine, 2011, 49(11): 32-39.

[63]   YOSINSKI J, CLUNE J, BENGIO Y, et al. How Transferable are features in Deep Neural Networks?[C]. Proceedings of the 27th International Conference on Neural Information Processing Systems (NIPS), 2014: 3320-3328.

[64]   DWORK C. Differential Privacy[M]. Encyclopedia of Cryptography and Security, Boston, MA: Springer US, 2011.

[65]   HAN S, MAO H, DALLY W J. Deep Compression: Compressing Deep Neural Networks with Pruning, Trained Quantization and Huffman Coding[C]. 4th International Conference on Learning Representations (ICLR), 2016.

[66]   GOLKARIFARD M, YANG J, MOVAGHAR A, et al. A Hitchhiker's Guide to Computation Offloading: Opinions from Practitioners[J]. IEEE Communications Magazine, 2017, 55(7): 193-199.

[67]   LIU W, CAO J, YANG L, et al. AppBooster: Boosting the Performance of Interactive Mobile Applications with Computation Offloading and Parameter Tuning[J]. IEEE Transactions on Parallel and Distributed Systems, 2017, 28(6): 1593-1606.

[68]　ZHANG Q, YANG L T, CHEN Z. Privacy Preserving Deep Computation Model on Cloud for Big Data Feature Learning[J]. IEEE Transactions on Computers, 2016, 65(5): 1351-1362.

[69]　OSIA S A, SHAMSABADI A S, TAHERI A, et al. A Hybrid Deep Learning Architecture for Privacy-Preserving Mobile Analytics[J]. arXiv preprint, 2017, arxiv:1703.02952.

[70]　Li M, LAI L, SUDA N, et al. PrivyNet: A Flexible Framework for Privacy-Preserving Deep Neural Network Training with A Fine-Grained Privacy Control[J]. arXiv preprint, 2017, arXiv:1709.06161.

[71]　SHOKRI R, SHMATIKOV V. Privacy-Preserving Deep Learning[C]. In Proceedings 22nd ACM SIGSAC Conference on Computer and Communications Security, 2015: 1310-1321.

[72]　ABADI M, CHU A, GOODFELLOW I, et al. Deep Learning with Differential Privacy[C]. Proceedings of the 23rd ACM SIGSAC Conference on Computer and Communications Security (CCS), 2016: 308-318.

[73]　ZHANG T. Solving Large Scale Linear Prediction Problems Using Stochastic Gradient Descent Algorithms[C]. Proceedings of the 21st International Conference on Machine Learning (ICML), 2004: 116-123.

[74]　HINTON G E, SALAKHUTDINOV R R. Reducing the Dimensionality of Data with Neural Networks[J]. Science, 2006, 313(5786): 504-507.

[75]　TAN C, SUN F, KONG T, et al. A Survey on Deep Transfer Learning[C]. The 27th International Conference on Artificial Neural Networks (ICANN), 2018: 1-10.

[76]　BEIMEL A, BRENNER H, KASIVISWANATHAN S P, et al. Bounds on the Sample Complexity for Private Learning and Private Data Release[J]. Machine Learning, 2014, 94(3): 401-437.

[77]　DWORK C, KENTHAPADI K, MCSHERRY F, et al. Our Data, Ourselves: Privacy Via Distributed Noise Generation[C]. Advances in Cryptology-

EUROCRYPT 2006: 24th Annual International Conference on the Theory and Applications of Cryptographic Techniques, St. Petersburg, Russia, May 28-June 1, 2006. Proceedings, Berlin, Heidelberg: Springer Berlin Heidelberg, 2006.

[78] DWORK C, ROTH A. The Algorithmic Foundations of Differential Privacy[J]. Foundations and Trends in Theoretical Computer Science, 2014, 9(3): 211-407.

[79] DENG J, DONG W, SOCHER R, et al. ImageNet: A Large-Scale Hierarchical Image Database[C]. IEEE Conference on Computer Vision and Pattern Recognition (CVPR), 2009: 248-255.

[80] RUMELHART D E, HINTON G E, WILLIAMS R J. Learning Representations by Back-Propagating Errors[J]. Nature, 1986, 323(9): 533-536.

[81] LE C Y, BOTTOU L, BENGIO Y, et al. Gradient-based Learning Applied to Document Recognition[J]. Proceedings of the IEEE, 1998, 86(11): 2278-2324.

[82] NETZER Y, WANG T, COATES A, et al. Reading Digits in Natural Images with Unsupervised Feature Learning[C]. Proceedings of the 24th International Conference on Neural Information Processing Systems (NIPS), 2011: 1-9.

[83] KRIZHEVSKY A, HINTON G. Learning Multiple Layers of Features from Tiny Images[J]. Technical report, University of Toronto, 2009, 1(4): 7.

[84] LAINE S. Temporal Ensembling for Semi-Supervised Learning[C]. 5th International Conference on Learning Representations (ICLR), 2017.

[85] PARK S, PARK J K, SHIN S J, et al. Adversarial Dropout for Supervised and Semi-supervised Learning[J]. arXiv preprint, 2017, arXiv:1707.03631.

[86] IOFFE S, SZEGEDY C. Batch Normalization: Accelerating Deep Network Training by Reducing Internal Covariate Shift[C]. Proceedings of the 32nd

International Conference on International Conference on Machine Learning (ICML), 2015: 448-456.

[87] MAAS A L, HANNUN A Y, NG A Y. Rectifier Nonlinearities Improve Neural Network Acoustic Models[C]. ICML Workshop on Deep Learning for Audio, Speech and Language Processing (ICML Workshop), 2013.

[88] MARTÍN A, ASHISH A, PAUL B, et al. TensorFlow: LargeScale Machine Learning on Heterogeneous Systems[R]. Mountain View, CA: TensorFlow, 2015.

[89] MASCI J, MEIER U, CIREŞAN D, et al. Stacked Convolutional Auto-Encoders for Hierarchical Feature Extraction[C]. Artificial Neural Networks and Machine Learning-ICANN 2011: 21st International Conference on Artificial Neural Networks, Espoo, Finland, June 14-17, 2011, Proceedings, Part I, Berlin, Heidelberg: Springer Berlin Heidelberg, 2011.

[90] RADFORD A, METZ L, CHINTALA S. Unsupervised Representation Learning with Deep Convolutional Generative Adversarial Networks[J]. arXiv preprint, 2015, arXiv:1511.06434.

[91] DONG C, LOY C C, HE K, et al. Image Super-Resolution Using Deep Convolutional Networks[J]. IEEE Transactions on Pattern Analysis and Machine Intelligence, 2016, 38(2): 295-307.

[92] HUANG G, LIU Z, WEINBERGER K Q, et al. Densely Connected Convolutional Networks[C]. IEEE Conference on Computer Vision and Pattern Recognition (CVPR), 2017.

[93] PAPERNOT N, ABADI M, ERLINGSSON Ú, et al. Semi-supervised Knowledge Transfer for Deep Learning from Private Training Data[C]. 5th International Conference on Learning Representations (ICLR), 2017.

[94] HOWARD A G, ZHU M, CHEN B, et al. MobileNets: Efficient Convolutional Neural Networks for Mobile Vision Applications[J]. arXiv preprint, 2017, arXiv:1704.04861.

[95] SZEGEDY C, LIU W, JIA Y, et al. Going Deeper with Convolutions[C]. IEEE Conference on Computer Vision and Pattern Recognition (CVPR), 2015: 1-9.

[96] BALASUBRAMANIAN N, BALASUBRAMANIAN A, VENKATARAMANI A. Energy Consumption in Mobile Phones: A Measurement Study and Implications for Network Applications[C]. Proceedings of the 9th ACM SIGCOMM Conference on Internet Measurement (IMC), 2009: 280-293.

[97] CLAERHOUT B, DEMOOR G J E. Privacy Protection for Clinical and Genomic Data: The Use of Privacy-Enhancing Techniques in Medicine[J]. International Journal of Medical Informatics, 2005, 74(2): 257-265.

[98] BUCILUA C, CARUANA R, NICULESCU-MIZIL A. Model Compression[C]. Proceedings of the 12th ACM SIGKDD International Conference on Knowledge Discovery and Data Mining (KDD), 2006: 535-541.

[99] CHEN G, CHOI W, YU X, et al. Learning Efficient Object Detection Models with Knowledge Distillation[C]. Advances in Neural Information Processing Systems (NIPS), 2017: 742-751.

[100] HINTON G, VINYALS O, DEAN J. Distilling the Knowledge in a Neural Network[C]. Advances in Neural Information Processing Systems Deep Learning Workshop (NIPSW), 2014.

[101] ROMERO A, BALLAS N, KAHOU S E, et al. FitNets: Hints for Thin Deep Nets[C]. 3th International Conference on Learning Representations (ICLR), 2015.

[102] PAPERNOT N, SONG S, MIRONOV I, et al. Scalable Private Learning with PATE[C]. 6th International Conference on Learning Representations (ICLR), 2018.

[103] BERLIND C, URNER R. Active Nearest Neighbors in Changing Environments[C]. Proceedings of the 32nd International Conference on Machine Learning (ICML), 2015: 1870-1879.

[104] KORUPOLU M R, PLAXTON C G, RAJARAMAN R. Analysis of a Local Search Heuristic for Facility Location Problems[C]. Proceedings of the Ninth Annual ACM-SIAM Symposium on Discrete Algorithms (SODA), 1998: 1-10.

[105] WANG K, ZHANG D, LI Y, et al. Cost-Effective Active Learning for Deep Image Classification[J]. IEEE Transactions on Circuits and Systems for Video Technology, 2017, 27(12): 2591-2600.

[106] WANG Z, YE J. Querying Discriminative and Representative Samples for Batch Mode Active Learning[C]. Proceedings of the 19th ACM SIGKDD International Conference on Knowledge Discovery and Data Mining (KDD), 2013: 158-166.

[107] WANG J, ZHANG J, BAO W, et al. Not Just Privacy: Improving Performance of Private Deep Learning in Mobile Cloud[C]. Proceedings of the 24th ACM SIGKDD International Conference on Knowledge Discovery & Data Mining (KDD), 2018: 2407-2416.

[108] MCMAHAN H B, RAMAGE D. Federated Learning: Collaborative Machine Learning without Centralized Training Data[R]. Mountain View, CA: Google, 2017.

[109] MCMAHAN H B, MOORE E, RAMAGE D, et al. Communication-Efficient Learning of Deep Networks from Decentralized Data[C]. Proceedings of the 20th International Conference on Artificial Intelligence and Statistics, Fort Lauderdale, FL, USA: PMLR, 2017, 54: 1273-1282.

[110] LIN Y, HAN S, MAO H, et al. Deep Gradient Compression: Reducing the Communication Bandwidth for Distributed Training[J]. arXiv preprint, 2017.

[111] KOLOSKOVA A, STICH S U, JAGGI M. Decentralized Stochastic Optimization and Gossip Algorithms with Compressed Communication[R]. International Conference on Machine Learning, 2019.

[112] KONECNÝ J, MCMAHAN H B, YU F X, et al. Federated Learning:

Strategies for Improving Communication Efficiency[J]. arXiv preprint, 2016, arXiv: 1610.05492.

[113] KONECNÝ J, MCMAHAN H B, RAMAGE D, et al. Federated Optimization: Distributed Machine Learning for On-Device Intelligence[J]. arXiv preprint, 2016, arXiv: 1610.02527.

[114] CHEN M, MATHEWS R, OUYANG T, et al. Federated Learning of Out-Of-Vocabulary Words[J]. arXiv preprint, 2019, arXiv: 1903.10635.

[115] RAMASWAMY S, MATHEWS R, RAO K, et al. Federated Learning for Emoji Prediction in a Mobile Keyboard[J]. arXiv preprint, 2019, arXiv: 1906.04329.

[116] CHEN F, DONG Z, LI Z, et al. Federated Meta-Learning for Recommendation[J]. arXiv preprint, 2018, arXiv: 1802.07876v1.

[117] SOZINOV K, VLASSOV V, GIRDZIJAUSKAS S. Human Activity Recognition Using Federated Learning[J]. Proceedings-16th IEEE International Symposium on Parallel and Distributed Processing with Applications, IEEE, 2019(1): 1103-1111.

[118] BONAWITZ K, EICHNER H, GRIESKAMP W, et al. Towards Federated Learning at Scale: System Design[J]. arXiv preprint, 2019, arXiv: 1902.01046.

[119] CHEN Y, SUN X, JIN Y. Communication-Efficient Federated Deep Learning with Asynchronous Model Update and Temporally Weighted Aggregation[J]. arXiv preprint, 2019, arXiv: 1903.07424v1.

[120] SATTLER F, WIEDEMANN S, MÜLLER K R, et al. Robust and Communication-Efficient Federated Learning from Non-IID Data[J]. arXiv preprint, 2019, arXiv: 1903.02891.

[121] HSIEH K, HARLAP A, VIJAYKUMAR N, et al. Gaia: Geo-Distributed Machine Learning Approaching LAN Speeds[C]. Proceedings of the 14th USENIX Conference on Networked Systems Design and Implementation,

USA: USENIX Association, 2017: 629-647.

[122] WANG S, TUOR T, SALONIDIS T, et al. Adaptive Federated Learning in Resource Constrained Edge Computing Systems[J]. IEEE Journal on Selected Areas in Communications, 2019, 37(6): 1205-1221.

[123] WANG S, TUOR T, SALONIDIS T, et al. When Edge Meets Learning: Adaptive Control for Resource-Constrained Distributed Machine Learning[C]. IEEE INFOCOM 2018 - IEEE Conference on Computer Communications, 2018: 63-71.

[124] NISHIO T, YONETANI R. Client Selection for Federated Learning with Heterogeneous Resources in Mobile Edge[J]. ICC 2019-2019 IEEE International Conference on Communications (ICC), 2019: 1-7.

[125] YU C, TANG H, RENGGLI C, et al. Distributed Learning over Unreliable Networks[C]. Proceedings of the 36th International Conference on Machine Learning, Long Beach, California, USA: PMLR, 2019, 97: 7202-7212.

[126] SURESH A T, YU F X, KUMAR S, et al. Distributed Mean Estimation with Limited Communication[C]. International Conference on Machine Learning, 2017: 3329-3337.

[127] STICH S U, CORDONNIER J B, JAGGI M. Sparsified SGD with Memory[C]. Advances in Neural Information Processing Systems 31. Curran Associates, Inc., 2018: 4447-4458.

[128] SEIDE F, FU H, DROPPO J, et al. 1-Bit Stochastic Gradient Descent and Its Application to Data-Parallel Distributed Training of Speech DNNs[J]. Proceedings of the Annual Conference of the International Speech Communication Association, 2014: 1058-1062.

[129] CALDAS S, WU P, LI T, et al. LEAF: A Benchmark for Federated Settings[J]. arXiv preprint, 2018, arXiv: 1812.01097.

[130] COHEN G, AFSHAR S, TAPSON J, et al. EMNIST: An Extension of MNIST to Handwritten Letters[J]. arXiv preprint, 2017, arXiv: 1702.05373.

[131] GO A, BHAYANI R, HUANG L. Twitter Sentiment Classification Using Distant Supervision[J]. CS224N Project Report, Stanford, 2009, 1(12): 2009.

[132] BAGDASARYAN E, VEIT A, HUA Y, et al. How To Backdoor Federated Learning[J]. arXiv:1807.00459, 2019.

[133] MELIS L, SONG C, DE CRISTOFARO E, et al. Exploiting Unintended Feature Leakage in Collaborative Learning[J]. 2019: 691-706.

[134] YANG Q, LIU Y, CHEN T, et al. Federated Machine Learning[J]. ACM Transactions on Intelligent Systems and Technology, 2019, 10(2): 1-19.

[135] LI H, KADAV A, KRUUS E, et al. MALT: Distributed Data-Parallelism for Existing ML Applications[C]. Proceedings of the Tenth European Conference on Computer Systems. New York, NY, USA: Association for Computing Machinery, 2015.

[136] MOULINES E, BACH F R. Non-Asymptotic Analysis of Stochastic Approximation Algorithms for Machine Learning[C]. Advances in Neural Information Processing Systems, 2011: 451-459.

[137] BOYD S, GHOSH A, PRABHAKAR B, et al. Gossip Algorithms: Design, Analysis and Applications[C]. Proceedings IEEE 24th Annual Joint Conference of the IEEE Computer and Communications Societies, 2005, 3: 1653-1664.

[138] BOYD S, GHOSH A, PRABHAKAR B, et al. Analysis and Optimization of Randomized Gossip Algorithms[C]. 2004 43rd IEEE Conference on Decision and Control (CDC) (IEEE Cat. No.04CH37601), 2004, 5: 5310-5315 Vol.5.

[139] TAO Z, LI Q. eSGD: Communication Efficient Distributed Deep Learning on the Edge[C]. In Proceedings USENIX Workshop Hot Topics Edge Computation(HotEdge), 2018.

[140] TANG H, GAN S, ZHANG C, et al. Communication Compression for Decentralized Training[C]. Advances in Neural Information Processing

Systems, 2018: 7652-7662.

[141] BOYD S, GHOSH A, PRABHAKAR B, et al. Randomized Gossip Algorithms[J]. IEEE Transactions on Information Theory, 2006, 52(6): 2508-2530.

[142] BLOT M, PICARD D, THOME N, et al. Distributed Optimization for Deep Learning with Gossip Exchange[J]. Neurocomputing, Elsevier B.V., 2019, 330: 287-296.

[143] DAILY J, VISHNU A, SIEGEL C, et al. GossipGraD: Scalable Deep Learning using Gossip Communication based Asynchronous Gradient Descent[J]. arXiv preprint, 2018, arXiv: 1803.05880.

[144] ZHAO L, REN Y, YANG X, et al. Fault-Tolerant Scheduling with Dynamic Number of Replicas in Heterogeneous Systems[C]. IEEE International Conference on High PERFORMANCE Computing and Communications, 2011: 434-441.

[145] JIN H, SUN X, ZHENG Z, et al. Performance under Failures of DAG-based Parallel Computing[C]. IEEE/ACM International Symposium on CLUSTER Computing and the Grid, 2009: 236-243.

[146] HAJNAL A, MILNER E C, SZEMERÉDI E. A Cure for the Telephone Disease[J]. Canadian Mathematical Bulletin, 1972, 15(03): 447-450.

[147] LIU D, YIN G, WANG H, et al. Overview of Gossip Algorithm in Distribute System[J]. Computer Science, 2010, 37(11): 24-28.

[148] BOTTOU L. Large-Scale Machine Learning with Stochastic Gradient Descent[J]. Proceedings of COMPSTAT 2010-19th International Conference on Computational Statistics, Keynote, Invited and Contributed Papers, 2010: 177-186.

[149] JAIN A, SRINIVASAN A, BAREKATAIN P. An Analysis of the Delayed Gradients Problem in Asynchronous SGD[C]. International Conference on Learning Representations 2018, 2018: 583-598.

[150] MCMAHAN H B, MOORE E, RAMAGE D, et al. Federated Learning of Deep Networks using Model Averaging[J]. arXiv preprint, 2016, arXiv: 1602.05629.

[151] LIAN X, ZHANG C, ZHANG H, et al. Can Decentralized Algorithms Outperform Centralized Algorithms? A Case Study for Decentralized Parallel Stochastic Gradient Descent[C]. Advances in Neural Information Processing Systems, 2017: 5330-5340.